Amany Ebeid

Formulação de agentes de controlo biológico contra pragas de insectos

Amany Ebeid

Formulação de agentes de controlo biológico contra pragas de insectos

ScienciaScripts

Imprint

Any brand names and product names mentioned in this book are subject to trademark, brand or patent protection and are trademarks or registered trademarks of their respective holders. The use of brand names, product names, common names, trade names, product descriptions etc. even without a particular marking in this work is in no way to be construed to mean that such names may be regarded as unrestricted in respect of trademark and brand protection legislation and could thus be used by anyone.

Cover image: www.ingimage.com

This book is a translation from the original published under ISBN 978-620-2-01334-5.

Publisher:
Sciencia Scripts
is a trademark of
Dodo Books Indian Ocean Ltd. and OmniScriptum S.R.L publishing group

120 High Road, East Finchley, London, N2 9ED, United Kingdom
Str. Armeneasca 28/1, office 1, Chisinau MD-2012, Republic of Moldova, Europe
Printed at: see last page
ISBN: 978-620-7-67542-5

ÍNDICE DE CONTEÚDOS:

PREFÁCIO

Controlo biológico

[http://en.wikipedia.org/wiki/Biological_control]

Controlo de pragas através da perturbação do seu estado ecológico, como através da utilização de organismos que são predadores naturais, parasitas ou agentes patogénicos. Também designado por *biocontrolo*.

Ou 1. (Biologia) o controlo de organismos destruidores através da utilização de outros organismos, tais como os predadores naturais das pragas. 2- O controlo das pragas por interferência no seu estado ecológico, como pela introdução de um inimigo natural ou de um agente patogénico no ambiente. Também designado por biocontrolo. 3- Controlo dos parasitas através da perturbação do seu estado ecológico, como através da utilização de organismos que são predadores naturais, parasitas ou agentes patogénicos. Exemplos de biocontrolo incluem a utilização de joaninhas para predar afídeos e cochonilhas e o tratamento de relvados com esporos da bactéria *Bacillus popilliae*, que causa a doença leitosa nas larvas do escaravelho japonês.

4- A luta biológica é a introdução intencional de parasitas, predadores e agentes patogénicos para reduzir ou suprimir as populações de pragas.

Agentes de controlo biológico

[http://en.wikipedia.org/wiki/Bio-agents]

Os insectos herbívoros são mortos por uma coleção taxonómica e ecologicamente diversa de inimigos naturais que inclui predadores vertebrados e invertebrados, parasitóides de insectos, nemátodos, fungos, protistas, bactérias e vírus. Além disso, os inimigos naturais representam uma fonte importante e omnipresente de mortalidade dos herbívoros.

Parasitóides: Membros de vespas parasitas da Ordem: Hymenoptera, pertencentes a muitas famílias, especialmente à Família: Braconidae,

e Ordem: Diptera e

Nemátodos entomopatogénicos também.

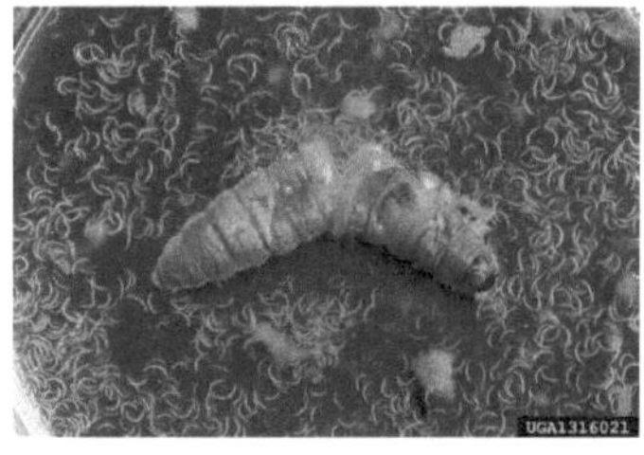

Predadores: Incluindo aves, mamíferos e artrópodes, incluindo aranhas e insectos Membros de muitas famílias:

Coccinellidae,

Chrysopidae,

Staphylinidae, etc.

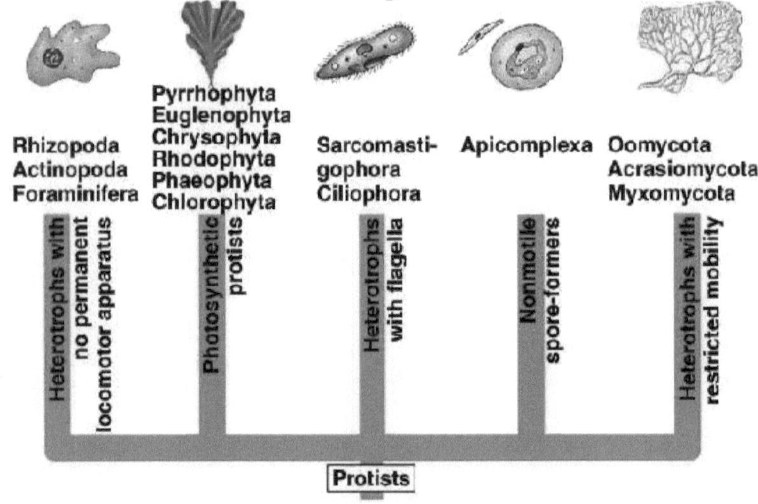

Formulação

[http://en.wikipedia.org/wiki/Formulation]

A formulação é um termo utilizado em vários sentidos e em várias aplicações, tanto materiais como abstractas ou formais. O seu significado fundamental é a junção de componentes em relações ou estruturas apropriadas, de acordo com uma fórmula. Pode ser útil refletir que, etimologicamente, *Fórmula* é o diminutivo do latim *Forma*, que significa forma.

Nesse sentido, é criada uma *formulação de* acordo com a norma para o produto.

Outros exemplos de formulações de produtos

As formulações são produzidas comercialmente para medicamentos, cosméticos, revestimentos, corantes, ligas, agentes de limpeza, alimentos, lubrificantes, combustíveis, fertilizantes, pesticidas e muitos outros.

Em geral, um pesticida é um agente químico ou biológico (como um vírus, uma bactéria, um antimicrobiano ou um desinfetante) que dissuade, incapacita, mata ou desencoraja os parasitas. Os parasitas visados podem incluir insectos, agentes patogénicos para as plantas, ervas daninhas, moluscos, aves, mamíferos, peixes, nemátodos (lombrigas) e micróbios que destroem propriedades, causam incómodos, propagam doenças ou são vectores de doenças. Embora os pesticidas tenham benefícios, alguns também têm inconvenientes, como a toxicidade potencial para os seres humanos e outras espécies desejadas.

PRINCÍPIOS DE FORMULAÇÃO

Os organismos formulados são suspensos num veículo adequado, que é complementado por aditivos para maximizar a sobrevivência no armazém, otimizar a aplicação no alvo e proteger os organismos após a aplicação. Ao contrário dos ingredientes activos químicos, os organismos são particulados e de natureza viva ou proteica, o que os torna relativamente sensíveis às condições de armazenamento e ao ambiente (Burges, 1998).

Alguns pesticidas e outros organismos benéficos foram muito eficazes em laboratório, mas falharam numa determinada fase no terreno, mesmo após o desenvolvimento de um produto para comercialização.

As causas comuns deste desaparecimento são a fraca estabilidade do produto durante o armazenamento antes da aplicação, a insuficiência do material ativo que chega ao alvo no terreno e a rápida degradação do material ativo no alvo.

A formulação desempenha um papel vital para ajudar a resolver estes problemas e para tornar um organismo eficaz na prática. No entanto, para que o produto final possa sobreviver comercialmente, é necessário que a formulação seja económica.

O que é a formulação? Definida de forma colectiva, a formulação inclui ajudas para preservar os organismos, para os fazer chegar aos seus alvos e - uma vez lá - para melhorar as suas actividades.

Um concentrado técnico de um organismo que tenha sido formulado é designado por formulação ou produto, que pode ser armazenado e colocado à venda comercialmente. Muitas vezes, um produto não satisfaz plenamente todas as necessidades de utilização em todas as culturas. Podem ser necessários mais aditivos para obter uma aplicação óptima em algumas culturas. Estes são normalmente adicionados imediatamente antes da aplicação e a formulação final aplicada é designada por mistura no tanque.

Este artigo trata especificamente da formulação de microrganismos e nemátodos benéficos.

Estes estão divididos em seis grupos: (1) insecticidas microbianos; (2) micróbios que destroem, inactivam ou competem com os agentes patogénicos das plantas; (3) herbicidas microbianos; (4) organismos benéficos que melhoram a nutrição das plantas; (5) micróbios aplicados às sementes; e

(6) nemátodos entomófilos. A formulação tendeu a ser considerada e a investigação tendeu a prosseguir de forma independente nestes seis grupos.

No entanto, têm pontos fortes e pontos fracos tecnológicos comuns, bem como características únicas, pelo que beneficiariam da fertilização cruzada e da assimilação de ideias e dados. A formulação é determinada não só por requisitos científicos, por exemplo, cobertura uniforme da folhagem por pulverização, mas também por requisitos comerciais, por exemplo, facilidade de utilização. Os produtos devem ser fáceis de armazenar, fáceis de utilizar e compatíveis com o equipamento dos utilizadores.

Os requisitos críticos da formulação são determinados por características dos próprios organismos e dos seus ambientes. Uma caraterística primordial é o modo de ação: dita os objectivos finais do formulador e, portanto, é usada como base para três partes separadas do livro. Alguns organismos, como as bactérias e os vírus patogénicos dos insectos, actuam através do intestino e têm de ser ingeridos para terem efeito.

Biopesticidas

Os biopesticidas baseados em microrganismos podem representar uma via alternativa na proteção das culturas devido à sua segurança para os seres humanos e para os organismos não visados, tanto em aplicações individuais como no âmbito da gestão integrada das pragas (IPM). A GIP inclui uma utilização mínima de pesticidas químicos para manter a saúde das culturas e os biopesticidas podem ter um lugar importante nessa estratégia (Chandler *et al.*, 2011).

O produto biológico mais comum para a proteção das plantas é baseado em: **Bactérias:** *Bacillus thuringiensis, Bacillus sphaericus.*

Vírus: Baculovírus, vírus da poliedrose nuclear.

Fungos: *Beauveria bassiana, Metarhizium anisopliae.*

I - FORMULAÇÃO DE BACTÉRIAS, VÍRUS E PROTOZOÁRIOS PARA O CONTROLO DE INSECTOS

1- INTRODUÇÃO

Os três principais grupos de agentes patogénicos dos insectos - bactérias, vírus e protozoários - têm uma caraterística em comum: normalmente infectam ou envenenam os insectos peroralmente quando contaminam os alimentos dos insectos. Assim, para controlar uma infestação de insectos, os agentes patogénicos devem normalmente ser comidos e precisam de ser espalhados uniformemente pelo ambiente alimentar e ser suficientemente resistentes para se manterem vivos enquanto esperam que o inseto os coma. A formulação é vital para garantir a eficiência destes processos. A primeira tarefa é tornar os alimentos tratados com agentes patogénicos palatáveis e capazes de cobrir o alimento uniformemente. Após a ingestão, os agentes patogénicos invadem a hemolinfa e os tecidos-alvo, crescem no seu interior e matam os insectos; depois, na natureza, as fases de sobrevivência do agente patogénico são protegidas no interior dos cadáveres, que acabam por se desintegrar. Em contrapartida, as fases de sobrevivência dos agentes patogénicos produzidos para o controlo dos insectos têm de ser aplicadas sob a forma de pulverizações ou de sólidos espalhados sobre a superfície dos alimentos dos insectos, ficando assim mais expostas ao ambiente. Assim, a formulação deve substituir a proteção natural proporcionada pelos cadáveres dos insectos. Os agentes patogénicos escolhidos têm de ser altamente virulentos para matar com as menores dosagens possíveis, um requisito também facilitado pela formulação. Os modos de ação e as principais características dos três grupos de agentes patogénicos perorais estão resumidos no quadro (1). Entre as bactérias formadoras de esporos, as formadoras de cristais também produzem cristais duradouros de proteína tóxica, o que as torna virulentas e rapidamente letais (Quadro 1). Do ponto de vista da formulação, estes cristais comportam-se, em alguns aspectos, de forma semelhante aos insecticidas de veneno estomacal. Os esporos e os cristais são fabricados de forma económica por fermentação. Por todas estas razões, a bactéria *Bacillus thuringiensis,* formadora de esporos e cristais, é utilizada nos principais produtos atualmente disponíveis, representando mais de 90% dos insecticidas microbianos atualmente utilizados. Outras bactérias entomopatogénicas têm apenas utilizações menores, incluindo *B. sphaericus* para o controlo de mosquitos nos países em desenvolvimento (Jones *et al.,* 1993).

Alguns protozoários têm esporos duradouros, que só podem ser produzidos em insectos vivos, mas a sua virulência é relativamente baixa (quadro 1). Tem havido pouca aplicação prática, utilizando principalmente *Nosema locustae* para controlar os gafanhotos (Capinera e Hibbard, 1987).

Os baculovírus são altamente virulentos e produzem um corpo de inclusão resistente, uma fase de sobrevivência comparável a um esporo (Quadro 1). Nestes corpos, os viriões estão protegidos por uma matriz proteica inerte. Os vírus são muito menos utilizados do que o *B. thuringiensis,* mas são aplicados anualmente em mais de um milhão de hectares de terra (Jones *et al.,* 1993). Winstanley e Rovesti (1993) apresentam uma lista de 31 produtos virais comerciais produzidos até 1992 e capazes de controlar 85% de 18 espécies diferentes de parasitas; todos são baculovírus utilizados em grande parte devido à sua segurança para os seres humanos e o ambiente. A biologia, a produção e a aplicação dos baculovírus foram descritas por Granados e Federici (1986a, b) e por Hunter-Fujita *et al.* (1997).

O atual domínio do *B. thuringiensis* no mercado dos insecticidas microbianos deu origem a uma tecnologia avançada e diversificada de formulação líquida e sólida, que será utilizada como exemplo principal no presente capítulo. A produção dos vírus no inseto vivo e a natureza moderadamente robusta do vírus protegido nos corpos de inclusão proteica resultaram em dados que alargam esta tecnologia.

Existe pouca informação sobre os protozoários. As fases de sobrevivência e os cristais de toxina dos entomopatogénios são partículas (Quadro 1), pelo que a formulação deve ser concebida para lidar com partículas e não com soluções. Os seus alvos são principalmente insectos que se alimentam em superfícies abertas de folhas em terra ou que filtram partículas finas de alimentos da água.

Tabela (1): Modo de ação das bactérias, vírus e protozoários que infectam o perianto

Principais agentes patogénicos e hospedeiros	Modo de ação
Bactérias Lepidoptera. mosquitos, moscas negras (Simuliidae). alguns escaravelhos	Os cristais de toxinas proteicas (0,5 x 1,0 µm) de *aacillus shuringiensis* e B. *sphaericus* dissolvem-se no intestino, destroem o epitélio e impedem a alimentação dos insectos, enquanto os esporos (0,8 x 1,7µm) germinam com a descida do pH, replicam-se, penetram na parede intestinal, causam septicemia e acabam por esporular, cada esporo com um cristal
Protozoários Lepidópteros, escaravelhos, gafanhotos e outros Ortópteros	Género típico *Nosema.* Os esporos (3x5 µm) germinam no intestino e vivem nas células do intestino, do corpo adiposo e de outros tecidos, replicam-se; acabam por esporular à medida que os órgãos são destruídos. Frequentemente crónica e debilitante. Transmitida por alimentos contaminados, canibalismo e por via transovariana
Vírus Lepidópteros, alguns escaravelhos	Principalmente baculovírus com viriões protegidos em proteínas para formar corpos de oclusão. Incluem os vírus da poliedrose nuclear (com muitos viriões/corpo poliédrico grande com 0,5-1,5 µm de diâmetro) e os vírus da granulose (com um virião/corpo pequeno, 0,5 µm). Infeção e reprodução como nos protozoários, mas

<table>
<tr><td></td><td>frequentemente virulenta com infecções agudas</td></tr>
</table>

Assim, os corpos patogénicos isolados, ou os depósitos de muitos, com um tamanho ótimo de 5-200 μm, precisam de ser espalhados uniformemente sobre as folhas ou suspensos uniformemente na água. Podem ser formulados secos ou como uma suspensão num líquido.

2- OPTIMIZAÇÃO DA PRODUÇÃO E ESTABILIZAÇÃO DA FORMULAÇÃO

O ingrediente ativo de uma formulação - o agente patogénico - tem de ser produzido *in vitro* por fermentação, como no caso do *B. thuringiensis,* ou *in vivo,* como no caso dos protozoários e dos vírus. Uma exceção é o caso das plantas transgénicas, que formam a toxina de *B. thuringiensis* sistemicamente nos seus tecidos. Dentro dos limites dos requisitos biológicos do microrganismo, bem como da realidade económica de conseguir a produção mais eficiente pelo menor custo, é necessário adaptar o processo de produção às necessidades das formulações subsequentes. *O B. thuringiensis* é utilizado como exemplo de produção por fermentação *in vitro*. Os baculovírus são utilizados como exemplo de produção *in vivo*.

2.1- Fermentação de *Bacillus thuringiensis*

A fermentação dos diferentes isolados de *B.t.*, independentemente da subespécie, tem algumas características gerais em comum. Todos eles utilizam açúcar (normalmente glucose, melaço ou amido), produzindo ácido durante a fermentação. Em geral, têm necessidades semelhantes de proteínas ou hidrolisados de proteínas, podem utilizar NH4 + sais e respondem de forma semelhante aos minerais. No entanto, os isolados individuais são entidades, e um determinado meio que pode suportar um bom crescimento ou a produção de toxinas única por um isolado pode ser menos satisfatório para outro. Diferentes isolados de *B.t.* podem produzir toxinas com diferentes espectros de actividades. Após a esterilização, o pH do fermentador é de 6,8-7,2. Imediatamente após a inoculação, o pH desce de forma constante à medida que a glucose é utilizada, atingindo um pH de cerca de 5,8-6,0 após 10-12 horas. Nesta altura, o pH começa a subir ao mesmo ritmo a que desceu, atingindo o pH 7,5 após 25 horas. O aumento do pH abranda gradualmente, atingindo um pH de 8,0 após cerca de 30 horas. O pH pode continuar a subir, atingindo pH 8,8 após 50-60 horas. Nalgumas culturas, a queda inicial do pH pode atingir apenas o pH 6,4-6,6. Nessas fermentações, pode haver pouco ou nenhum aumento no pH à medida que a fermentação continua, atingindo um pH de 8,0 em cerca de 30 horas. O pH pode continuar a aumentar, atingindo um pH de 8,8 após 50-60 horas. O pH nas fermentações *B.s.* - em contraste com as fermentações *B.t.* - move-se continuamente para cima durante o crescimento e esporulação da bactéria. Uma vez que as bactérias não utilizam açúcares como fonte de carbono, não se formam ácidos. Em vez disso, o amoníaco acumula-se no caldo, provavelmente devido à desaminação de aminoácidos. O pH final pode variar de 8,0 a 9,0, dependendo do teor de proteínas do meio. É possível controlar o pH através da adição de ácido, o que pode aumentar a produção de toxinas por algumas estirpes, mas não por outras.

A "fase logarítmica" de qualquer fermentação bacteriana é o período durante o qual o organismo está a crescer vigorosamente e a dividir-se rapidamente. Esta primeira fase dura 16-18 horas. A esporulação está completa 20-24 horas após a inoculação, embora as células ainda não tenham sido lisadas. A lise está completa em 35-40 horas.

2.2- **Formulação de** B. thuringiensis

No final da fermentação de *B. thuringiensis*, o formulador é confrontado com uma mistura complexa de cristais de toxina, esporos, sólidos médios e solutos com um elevado teor de humidade. Existem duas tecnologias alternativas, a semi-sólida e a líquida profunda. Na fermentação semi-sólida, as bactérias são cultivadas num substrato sólido esterilizado, húmido, arejado, friável, ilustrado por Dulmage e Rhodes (1971). Este pode ser inerte, por exemplo, vermiculite, ou ele próprio um nutriente, por exemplo, farelo de trigo. Quando a maioria das células tiver completado a esporulação, embora algumas células vegetativas permaneçam capazes de continuar a crescer, a fermentação é interrompida e o produto técnico é estabilizado por secagem com ar quente até um teor de humidade de 5% ou menos; isto é fundamental para uma boa armazenagem. A aglomeração do substrato cria problemas durante a fermentação, impede o arejamento da massa em fermentação e dificulta a secagem. Após a secagem, o próprio substrato sólido actua como um extensor de transporte e o produto técnico é moído - um processo intensivo em termos de energia - até à dimensão de partícula necessária. Devem ser utilizados moinhos que não produzam calor excessivo. Os substratos que incham quando molhados para pulverização, por exemplo, farelo, devem ser moídos suficientemente finos para evitar que as partículas inchadas bloqueiem os bicos de pulverização. Os aditivos são misturados com o produto técnico para fazer pós, grânulos e pós molháveis. Os problemas físicos de arejamento, secagem e moagem dificultam o aumento de escala da fermentação semi-sólida. A prevenção do bloqueio dos bicos é um problema difícil e os produtos técnicos fabricados a partir de meios semi-sólidos são mais adequados para o fabrico de pós do que de pós molháveis. Poucas alterações à fermentação semi-sólida podem ser efectuadas para melhorar a formulação.

Atualmente, este método só é utilizado para *B. thuringiensis* nos países em desenvolvimento, numa escala relativamente pequena. O líquido profundo arejado, pelo contrário, é fácil de ampliar em grandes fermentadores de 60000 L de capacidade ou mais, dos quais cerca de 97% é água (Dulmage e Rhodes, 1971). No final da fermentação, esta é concentrada por centrifugação ou filtração através de sacos para uma pasta contendo cerca de 80% de água. A centrifugação pode resultar em alguma perda dos cristais mais pequenos. A pasta técnica do fermentador pode ser estabilizada como um concentrado em suspensão. O método alternativo habitual de estabilização do produto técnico é a secagem por pulverização, que consome muita energia. Foi utilizado um estilo de receita culinária para listar os ingredientes e dar vida ao processo, descrevendo a forma de os utilizar, incluindo alguns pontos pormenorizados, mas críticos, recolhidos da experiência, essenciais para o sucesso prático. Apesar das altas temperaturas do ar no secador, os esporos e os cristais sobrevivem devido à curta exposição e ao efeito de arrefecimento da evaporação da água, embora tipicamente haja uma pequena perda de atividade. A lactose (5%) é uma alternativa comum à goma arábica como protetor contra o calor e pode ter a vantagem de uma proteção parcial contra a luz solar no campo (Lisansky *et al.*, 1993). Como outra alternativa após a centrifugação, uma pasta técnica pode ser estabilizada e seca por co-precipitação de lactose-acetona (Dulmage e Rhodes, 1971). Uma solução aquosa de lactose e acetona, que é miscível com a água, são adicionadas à pasta e filtradas. O pó resultante é lavado duas vezes com acetona e depois seco ao ar. À escala laboratorial, esta é uma técnica de colheita alternativa valiosa que evita a exposição ao calor e lava os metabolitos solúveis em água. Permite controlar possíveis danos causados pelo calor durante a secagem por pulverização ou a presença de factores tóxicos solúveis, cuja ação pode ser confundida com a do cristal de δ-endotoxina em preparações secas por pulverização. Em muitos meios de fermentação, os iões Ca^{2+} precipitam a β-exotoxina, pelo que grande parte desta toxina é removida por centrifugação. Em conjunto com o meio de fermentação correto, o método de colheita por co-precipitação dá geralmente um pó friável fácil de formular, mas não tem sido utilizado à escala comercial. Após a otimização dos meios de fermentação para obter o máximo rendimento, surgem por vezes problemas de formulação que podem exigir a introdução de modificações. Por exemplo, é por vezes difícil triturar os pós secos por pulverização até obter partículas com menos de 20 µm de diâmetro e a friabilidade pode ter de ser melhorada. Além disso, alguns pós são muito higroscópicos, o que pode exigir alterações nos ingredientes. Todos os produtos secos absorvem a água do ar húmido e devem ser armazenados em embalagens à prova de vapor de água. Aleshina *et al.* (1986) afirmam que a adição de KCl ao meio de fermentação não só melhora a atividade inseticida como também as propriedades físico-químicas (humidade e estabilidade da formulação).

3- PRODUÇÃO DE BACULOVÍRUS

http://www.biocontrol.entomology.cornell.edu/pathogens/baculoviruses.html

Os baculovírus (Família: Baculoviridae) são agentes patogénicos que atacam insectos e outros artrópodes. Tal como alguns vírus humanos, são normalmente extremamente pequenos (menos de um milésimo de milímetro de diâmetro) e são compostos principalmente por ADN de cadeia dupla que codifica os genes necessários para o estabelecimento e reprodução do vírus. Uma vez que este material genético é facilmente destruído pela exposição à luz solar ou pelas condições do intestino do hospedeiro, uma partícula infecciosa de baculovírus (*virião*) é protegida por um revestimento proteico chamado *poliedro* (plural de poliedros: ver Figs. A, B e C). A maioria dos baculovírus de insectos tem de ser ingerida pelo hospedeiro para produzir uma infeção, que é normalmente fatal para o inseto.

A maioria dos baculovírus utilizados como agentes de controlo biológico pertencem ao género *Nucleopolyhedrovirus*, pelo que "baculovírus" ou "vírus" se referem daqui em diante aos nucleopolyhedrovirus. Estes vírus são excelentes candidatos para aplicações insecticidas de espetro estreito e específicas para cada espécie. Foi demonstrado que não têm impactos negativos nas plantas, mamíferos, aves, peixes ou mesmo em insectos não visados. Isto é especialmente desejável quando os insectos benéficos estão a ser conservados para ajudar num programa global de IPM, ou quando uma área ecologicamente sensível está a ser tratada.

O Serviço Florestal do USDA utiliza atualmente o vírus da poliedrose nuclear da traça-das-galhas (LdNPV) para pulverizar milhares de hectares de floresta todos os anos. Este produto, registado como **Gypchek**, é eficaz contra a traça-dos-campos mas deixa todos os outros animais ilesos (Reardon et al. 1996).

Por outro lado, a elevada especificidade dos baculovírus também é citada como um ponto fraco para utilizações agrícolas, uma vez que os produtores podem querer um produto para utilizar contra uma variedade de pragas. Atualmente, os investigadores estão a tentar utilizar técnicas de engenharia genética para alargar as gamas de hospedeiros dos vírus às espécies de pragas desejadas. Os investigadores do Reino Unido e dos Estados Unidos lançaram baculovírus geneticamente modificados que se revelam promissores, embora o custo da produção comercial destes agentes deva ser reduzido para que possam ser competitivos. Empresas como a Dupont, a biosys, a American Cyanamid e a Agrivirion (para citar algumas) continuaram a explorar a expansão e o desenvolvimento de insecticidas virais para uso agrícola. Recentemente, a biosys lançou dois produtos à base de baculovírus, o Spod-X para a lagarta do cartucho da beterraba e o Gemstar LC para a lagarta do tabaco e a lagarta do algodão.

Ciclo de vida

Os vírus são incapazes de se reproduzir sem um hospedeiro - são parasitas obrigatórios. Os baculovírus não são exceção. As células do corpo do hospedeiro são dominadas pela mensagem genética contida em cada virião (Fig. C) e forçadas a produzir mais partículas de vírus até que a célula e, por fim, o inseto, morram. A maioria dos baculovírus provoca a morte do inseto hospedeiro de forma a maximizar a possibilidade de outros insectos entrarem em contacto com o vírus e, por sua vez, serem infectados.

Como se pode ver na animação à direita, a infeção por baculovírus começa quando um inseto come partículas de vírus numa planta - talvez de um tratamento pulverizado. O inseto infetado morre e "derrete" ou desfaz-se na folhagem, libertando mais vírus.

Este material infecioso adicional pode infetar mais insectos, continuando o ciclo.

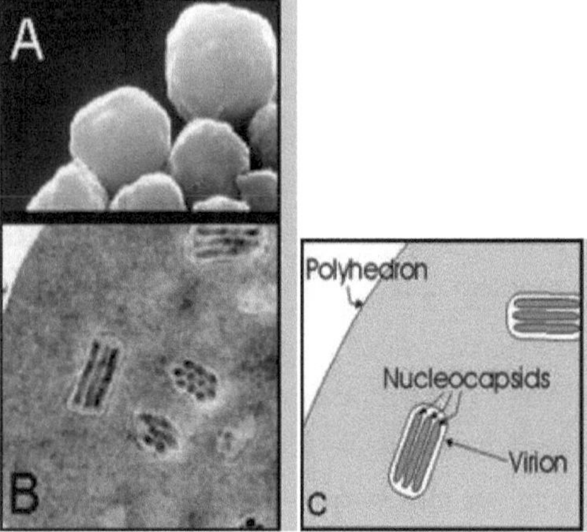

Figs. A) Partículas de baculovírus, ou poliedros;

 B) Secção transversal de um poliedro;

C) Diagrama da secção transversal de um poliedro.

Eficácia relativa

É amplamente reconhecido que os baculovírus podem ser tão eficazes como os pesticidas químicos no controlo de determinadas pragas de insectos. No entanto, o custo do tratamento de um hectare de terra com um produto à base de baculovírus é invariavelmente superior ao de um tratamento químico igualmente eficaz. Esta diferença de preço deve-se, em primeiro lugar, ao facto de a produção de baculovírus ser uma atividade de mão de obra intensiva. Alguns vírus podem ser produzidos *in vitro* (em culturas de células no laboratório, não necessitando de insectos inteiros e vivos). Estes são menos dispendiosos do que os que só podem ser produzidos *in vivo*, ou seja, dentro de insectos vivos. O custo da criação de hospedeiros vivos aumenta consideravelmente o custo final do produto. Espera-se que os sistemas de cultura de células de insectos atualmente em desenvolvimento para outras utilizações possam, em última análise, tornar os pesticidas virais mais rentáveis.

Aparência

Os insectos mortos por baculovírus têm um aspeto brilhante e oleoso caraterístico e são frequentemente vistos pendurados na vegetação. São extremamente frágeis ao toque, rompendo-se para libertar um líquido cheio de partículas infecciosas do vírus. Esta tendência para se manterem agarrados à folhagem e depois se romperem é um aspeto importante do ciclo de vida dó vírus. Como já foi referido, a infeção de outros insectos só ocorrerá se estes comerem folhagem que tenha sido contaminada por larvas mortas pelo vírus.

É interessante notar que a maioria dos baculovírus, ao contrário de muitos outros vírus, pode ser vista com um microscópio de luz. Os poliedros de muitos vírus parecem cristais claros e irregulares de sal ou areia quando observados a 400x ou 1000x. O fluido no interior de um inseto morto é composto em grande parte por poliedros de vírus - muitos milhares de milhões são produzidos no interior de um cadáver.

Habitat

Os baculovírus podem ser encontrados onde quer que existam insectos. Dado que a chuva e o vento transportam facilmente os baculovírus de um local para outro, é provável que cada pedaço de terra e cada massa de água contenha algumas partículas de vírus. É amplamente aceite pelos investigadores que a maioria dos produtos atualmente nas prateleiras está "contaminada" por partículas de baculovírus (Heimpel et al., 1973). De facto, a omnipresença de partículas de baculovírus, juntamente com os resultados dos testes realizados em conjunto com o registo, podem ser considerados provas indirectas e directas da segurança destes agentes.

Pragas atacadas

Como a maioria dos vírus, os baculovírus tendem a ser específicos da espécie ou do género, embora haja algumas excepções a esta regra, nomeadamente o vírus da poliedrose nuclear de *Autographa californica*. Grande parte do trabalho genético que está a ser feito atualmente para melhorar os pesticidas à base de baculovírus concentra-se na área do genoma do vírus que controla a sua gama de hospedeiros.

Utilização atual de baculovírus como insecticidas biológicos

Apresenta-se a seguir uma lista dos produtos de baculovírus atualmente registados em outubro de 1997. Os números por baixo do nome do produto viral remetem para o QUADRO 2, a lista de fornecedores. Se desejar obter uma lista actualizada da EPA, esta possui um excelente sítio Web em:

http://www.cdpr. ca. gov/docs/pestmgt/ipminov/bensuppl.htm.

QUADRO 1

COMMODITY	PRAGAS DE INSECTOS	VÍRUS UTILIZADO	PRODUTO VÍRUS

Maçã, pera, noz e ameixa	Traça do bacalhau	Vírus da granulose da traça do bacalhau	Cyd-Xe(3)
Couves, tomates, algodão, (e ver pragas na coluna seguinte)	Traça-das-couves, bicho-da-farinha, traça-das-crucíferas, traça-dos-tubérculos-da-batata e traça-das-bagas-da-uva	Vírus da poliedrose nuclear do verme do exército da couve	Mame strin* (5)
Algodão, com, tomates	*Spodoptera Iittoralis*	Vírus da poliedrose nuclear *da Spodoptera Iittoralis*	Spodopterina*(5)
Algodão e produtos hortícolas	*Helicoyerpa zea (lagarta do tabaco)* e *Heliothis Virescens (lagarta da cápsula do algodão)*	Vírus da poliedrose nuclear de *Helicoverpa zea*	Gemstar LC, Biotrol, Elcar(3)
Culturas hortícolas, flores de estufa	Lagarta-do-cartucho da beterraba *(Spodoptera exigua)*	Vírus da poliedrose nuclear *da Spodoptera exigua*	Spod-X(3)
Legumes	Broca do aipo (Anagrapha falcifera)	Vírus da poliedrose nuclear da Anagrapha falcifera	nenhum atualmente
Alfafa e outras culturas	Looper da alfafa *(Autographa californica)*	Vírus da poliedrose nuclear de *Autographa Californiea*	Gusano Biológico Pesticida <u>(3)</u>
Habitat florestal, madeira serrada	Traça do abeto de Douglas *(Orgyia psuedotsugata)*	Vírus da poliedrose nuclear de *Orgyia psuedotsugata*	TM Biocontrolo(2)
FlorestaHabitat , Madeira serrada	Traça cigana *(Lymantria dispar)*	*Lymantria dispar* Poliedrose nuclear VIM	Gypchek(I)

Compatibilidade de Pesticidas

As partículas de vírus *per se não* são geralmente afectadas pelos pesticidas, embora seja de esperar que alguns compostos de cloro danifiquem ou destruam os vírus se forem aplicados ao mesmo tempo. No entanto, a eficácia dos baculovírus pode ser alterada de muitas maneiras pelos efeitos dos pesticidas químicos no inseto hospedeiro. Uma análise de Jacques e Morris (1981) mostrou que, de 10 combinações pesticida-vírus, 9 resultaram num efeito aditivo na mortalidade dos insectos. No entanto, alguns dos pesticidas incluídos nessa revisão foram entretanto proibidos, pelo que este estudo tem atualmente uma utilidade limitada. São necessários mais trabalhos para explorar a eficácia de "cocktails" de insecticidas constituídos por agentes químicos amigos do ambiente e baculovírus.

4-   Protozoários e Microsporídeos Entomopatogénicos

Os protozoários são formas de vida com um único nome. Algumas espécies são responsáveis por doenças humanas graves, como a malária, transmitida por mosquitos. No entanto, existem cerca de 1200 espécies, de um total de 15.000 descritas, específicas e causadoras de doenças em insectos. Um grupo, o dos *Microsporidia*, contém muitas espécies que são promissoras para o controlo biológico. Pensa-se que as infecções por microsporídios em insectos são comuns e responsáveis pela mortalidade baixa a moderada de insectos que ocorre naturalmente. No entanto, trata-se de organismos de ação relativamente lenta, que demoram dias ou semanas a debilitar o seu hospedeiro. Frequentemente, reduzem a reprodução ou a alimentação do hospedeiro, em vez de matarem a praga de imediato. Os microsporídios infectam frequentemente uma vasta gama de insectos. Alguns microsporídios estão a ser investigados como insecticidas microbianos e pelo menos um está disponível comercialmente, mas a tecnologia é nova e é necessário trabalhar para aperfeiçoar a utilização destes organismos.

A maioria dos microsporídios tem de ser ingerida para infetar um inseto, mas também pode haver alguma transmissão natural dentro de uma população de pragas, por exemplo, por predadores e parasitóides. O agente patogénico entra no corpo do inseto através da parede do intestino, espalha-se para vários tecidos e órgãos e multiplica-se, causando por vezes a rutura dos tecidos e septicemia. Os insectos infectados podem ser lentos e mais pequenos do que o normal, por vezes com alimentação e reprodução reduzidas e dificuldade na muda. Se o nível de infeção for elevado, pode seguir-se a morte. Uma vantagem deste tipo de infeção é que os insectos enfraquecidos são mais susceptíveis a condições meteorológicas adversas e a outros factores de mortalidade. *O Nosema pyrausta* (*Perezia pyraustae*) é um microsporídio que infecta várias espécies de insectos, incluindo a broca europeia do milho, para a qual pode constituir um importante controlo natural. Esta doença foi muito difundida no centro-oeste dos Estados Unidos durante os anos 50 e 60, causando uma mortalidade natural considerável, mas a sua utilização comercial está ainda em fase de desenvolvimento. A infeção pode propagar-se de larvas doentes para larvas saudáveis através de erva contaminada e pela migração de larvas infectadas entre plantas.

O Nosema locustae é a única espécie de microsporídio disponível no mercado, comercializada sob vários rótulos para o controlo de gafanhotos e grilos. É aplicado com isco atrativo para insectos. Devido ao seu modo de ação lento, este produto é mais adequado para a gestão a longo prazo de parasitas dos campos do que para as exigências mais intensivas da produção agrícola comercial ou mesmo da produção de hortas domésticas. Foi demonstrado que outras espécies de Nosema infectam os ácaros e os vermes da teia, mas ainda não foram suficientemente desenvolvidas para utilização comercial.

O Vairimorpha necatrix é outro microsporídio com potencial comercial. Tem uma vasta gama de hospedeiros entre as pragas de lagartas, incluindo a lagarta da espiga do milho e a broca europeia do milho, vários vermes do exército, a lagarta do outono e a lagarta da couve. Pode ser mais virulento do que outras espécies e os insectos infectados podem morrer no prazo de seis dias após a infeção.

5-   TIPOS DE FORMULAÇÃO

As bactérias, os vírus e os protozoários atacam peroralmente e são aplicados para controlar os parasitas que se alimentam em quatro habitats: folhagem, solo, reservas alimentares e água. Estes ambientes apresentam problemas de formulação diferentes e importantes. Na folhagem, o problema mais difícil é o facto de a folhagem jovem crescer rapidamente. Jones e McKinley (1987) referem uma duplicação da área foliar do algodão no espaço de uma semana, tendo sido registadas taxas de crescimento ainda maiores no algodão na Tailândia, o que dilui eficazmente a cobertura de uma pulverização de superfície e obriga a pulverizações frequentes e dispendiosas. No solo, muitas pragas alimentam-se abaixo da superfície, uma posição difícil de alcançar com microrganismos particulados porque o solo é um filtro eficiente de suspensões aplicadas à sua superfície. Nos alimentos armazenados a granel, é igualmente difícil colocar os agentes patogénicos muito abaixo da superfície do produto. Na água, é difícil manter os microrganismos suspensos durante muito tempo na zona de alimentação de pragas como as larvas de mosquitos e de moscas negras. O método mais eficaz para resolver estes problemas importantes em todos os ambientes é, de longe, a aplicação sistémica do ingrediente ativo nas plantas de alimentação dos parasitas, especialmente através de plantas transgénicas. Foram discutidas as várias abordagens alternativas adotadas para otimizar a formulação de produtos para utilização em ambientes terrestres. As larvas recém-nascidas (neonatos), a fase larvar mais suscetível, são demasiado delicadas para mastigar completamente as folhas. Alimentam-se principalmente das superfícies inferiores mais macias, um comportamento que as protege dos depósitos mais pesados de agentes patogénicos nas superfícies superiores. Estas só são atingidas numa fase mais avançada da vida, quando mastigam toda a espessura das folhas. Algumas espécies tecem túneis de seda ou entrelaçam as folhas com seda. Isto impede que o agente patogénico atinja parte da área de alimentação das larvas.

Quadro (3): Insectos-alvo em terra, agrupados principalmente por habitat, uma vez que afecta o controlo por *Bacillus thuringiensis,* baculovírus e protozoários, e secundariamente por planta hospedeira

Inseto praga	Principais características ecológicas
Lymantria dispar, traça cigana, desfolhadora das florestas; *Plutella xylostella,* traça-das-crucíferas; *Pieris rapae, P. brassicae,* borboletas brancas, vermes da couve;	As larvas jovens alimentam-se isoladamente ou em grupos, principalmente nas superfícies inferiores das folhas abertas (por exemplo, carvalho, brássicas), deixando a epiderme superior intacta. As larvas mais velhas comem através das folhas, mas não o fazem
Bombyx mori, traça, bicho-da-seda doméstico	toca
Archips pomonella, traça pequena, rolo de folhas	Tece as folhas das árvores com seda, alimenta-se também entre os frutos que toca
Choristoneura fumiferana, bicho-da-seda do abeto	A larva I tece um túnel de seda e alimenta-se na superfície das agulhas de coníferas até ao instar III, altura em que perfura os gomos
Trichoplusia ni, Sabulodes aegrotata, traças, larvas de loopers	As larvas jovens alimentam-se na superfície inferior das folhas abertas de algodão e de legumes. As larvas mais velhas comem através das folhas. Apenas as larvas maiores perfuram os frutos do tomateiro e as cabeças de couve
Spodoptera spp. *Anticarsia gemmatalis, Agrotis* spp. *Mamestra brassicae, Lacanobia oleracea, Pseudaletia (= Mythimna) unipuncta* mariposas noctuídeas, bicho-da-cana, bicho do mato	Pragas do algodão, legumes, culturas arvenses e cereais. Larvas jovens como *Pieris* spp. (acima). As larvas mais velhas comem através das folhas, perfuram os pontos de crescimento, os corações, os frutos e os caules, frequentemente à superfície do solo. Escondem-se à luz do dia
Heliothis (=Helicoverpa) spp. Traças noctuídeas, bichos-da-seda, bichos-da-fruta	As larvas jovens alimentam-se na superfície inferior das folhas, à medida que se deslocam para as cápsulas de algodão jovens, frutos de tomate e pontas de crescimento do tabaco e outras culturas, nas quais perfuram ainda nos primeiros instares
Cydia (Laspeyresia) pomonella, traça do bacalhau	A larva I alimenta-se brevemente na folhagem aberta e na superfície dos frutos jovens das macieiras, pereiras e nogueiras, antes de penetrar nos frutos, acabando por emergir para encontrar um local de pupação

Quadro (3): (cont.)

Inseto praga	Principais características ecológicas
Ostrinia nubilalis, traça. Broca europeia	As larvas jovens alimentam-se nas superfícies subfoliares e rapidamente migram para espaços no interior das espirais das folhas, das sedas e das espigas jovens. As larvas mais velhas perfuram os caules e as sementes de com em crescimento
Leptinotarsa decemlineata, escaravelho da batata do Colorado	Os adultos e as larvas alimentam-se da folhagem aberta da batateira e dos tubérculos abaixo do solo
Galleria mellonella, traça da cera	A larva I é muito móvel, instala-se após *cerca de* 6-12 h no favo e forma um túnel de seda. As larvas maiores cobrem muitas células do favo, danificando a criação e deixando escapar mel

A perfuração e a abertura de túneis afastam abruptamente muitas espécies dos depósitos de agentes patogénicos. Algumas espécies alimentam-se extensivamente antes de escavarem túneis, outras escapam aos depósitos escavando túneis muito pouco tempo depois de eclodirem, deixando apenas uma curta janela de oportunidade para estes agentes patogénicos que actuam peroralmente. As técnicas de aplicação têm como objetivo maximizar os depósitos nas áreas onde se encontram as fases mais susceptíveis. São definidos todos os tipos de formulação susceptíveis de serem utilizados com microrganismos.

Atualmente, as técnicas de formulação de biopesticidas seguem outros caminhos, dependendo das diferentes informações fornecidas, dos resultados da investigação e dos instrumentos e métodos de aplicação.

É sabido que **os biopesticidas** baseados em microrganismos podem representar uma via alternativa na proteção das culturas devido à sua segurança para os seres humanos e para os organismos não visados, tanto em aplicações individuais como no âmbito da gestão integrada das pragas (GIP). A GIP inclui uma utilização mínima de pesticidas químicos para manter a saúde das culturas e os biopesticidas podem ter um lugar importante nessa estratégia (Chandler *et al.*, 2011). Existem diferentes tipos de ingredientes activos de biopesticidas e cada um tem propriedades específicas e pode ser formulado numa variedade de produtos (Burges, 1998; Knowles, 2005, 2006).

Os produtos que contêm ingredientes vivos e biologicamente activos estão disponíveis comercialmente para utilizações agrícolas há muitos anos. O produto biológico mais comum para a proteção das plantas é baseado em **bactérias:** *Bacillus thuringiensis, Bacillus sphaericus,* ... etc., utilizadas para o controlo de insectos. Em todo o mundo, foram registados vários produtos: Biobit-WP, D-Stop (WP), Foray 48-B (WP), Novodor- FC (SC) e Wormax-Of (WP). **Vírus:** Baculovírus, Vírus da Poliedrose Nuclear, (*Vírus do Mosaik Amarelo da Abobrinha*) e **Fungos:** (*Ampelomyces* *quisqualis, Candida oleophila, Trichoderma atroviride, T. asperellum, Beauveria bassiana, Metarhizium anisopliae,* ... etc.) também demonstraram ser úteis em programas de proteção das culturas (base de dados de Pesticidas da UE, 2013).

Os produtos Polversum (*Pythium oligandrum* - WP) e F-stop (*B. subtilis* - SC), baseados em microrganismos, são utilizados para o controlo de doenças (Janjic e Elezovic, 2010).

Os produtos biológicos são altamente específicos do alvo e a sua utilização é altamente desejável, mas é muito difícil desenvolver formulações aceitáveis. A razão para isso é que, para além das boas propriedades físicas e da comodidade de utilização exigidas, o produto formulado deve também manter o seu agente biológico funcional durante o armazenamento e a aplicação (Woods, 2003).

Os biopesticidas comerciais devem ser económicos de produzir, ter uma estabilidade persistente no armazenamento, uma elevada atividade residual, ser fáceis de manusear, misturar e aplicar e proporcionar um controlo consistentemente eficaz dos parasitas visados. Devem ser introduzidas diferentes formulações de biopesticidas para ultrapassar os problemas relacionados com a sua eficácia e degradação e para serem convenientes durante o manuseamento e a aplicação (Boyetchko *et al.*, 1998).

Formulações de biopesticidas

Na maioria dos casos, os ingredientes activos dos biopesticidas são formulados da mesma forma que os pesticidas sintéticos. Isto é muito conveniente para os utilizadores, pois permite-lhes utilizar o mesmo equipamento para diferentes tratamentos. Muitos biopesticidas são baseados em organismos vivos. A viabilidade destes organismos terá de ser mantida a níveis aceitáveis durante o processo de formulação e armazenamento. No momento da aplicação, os organismos devem sair do seu estado de dormência para estarem activos. Os problemas na formulação de produtos biopesticidas são consideráveis e, para que haja mais progressos, é necessária uma compreensão fundamental dos processos que causam a perda de viabilidade (Seaman, 1990; Boyetchko *et al.*, 1998). O processo de formulação conduz a um produto final através da mistura do componente microbiano com diferentes transportadores e adjuvantes para uma melhor proteção contra as condições ambientais, uma maior sobrevivência do agente biológico, taxas controladas, bem como uma melhor bioatividade e estabilidade na armazenagem.

Os esforços concentram-se em melhorar a retenção da pulverização, seleccionando o tamanho da gota e a deposição na folha que são mais importantes para a eficácia de qualquer agente. As funções mais importantes das formulações desenvolvidas são: estabilização do agente microbiano durante a distribuição e o armazenamento, manuseamento e aplicação mais fáceis do produto, proteção do bioagente contra condições ambientais adversas e aumento da atividade do bioagente através do aumento do contacto e da interação com a praga-alvo. Estas funções podem ser alcançadas através da formulação de bioagentes de diferentes formas (Seaman, 1990; Mollet e Grubenmann, 2001).

Relativamente ao seu estado físico, as formulações de biopesticidas podem ser divididas em formulações líquidas e secas. As **formulações líquidas** podem ser à base de água, à base de óleo, à base de polímeros ou combinações. As formulações à base de água (suspensões concentradas, suspo-emulsões, suspensões em cápsulas, etc.) requerem a adição de ingredientes inertes, tais como estabilizadores, adesivos, tensioactivos, corantes, compostos anticongelantes e nutrientes adicionais.

As formulações secas podem ser produzidas utilizando diferentes tecnologias, como a secagem por pulverização, a liofilização ou a secagem ao ar, com ou sem a utilização de leito fluidizado. São produzidas através da adição de aglutinante, dispersante, agentes molhantes, etc. (Tadros, 2005; Brar *et al.*, 2006; Knowles, 2008). Cada tipo de formulação é produzido de uma forma específica.

Os biopesticidas são geralmente formulados como Formulações secas para aplicação direta - pós (DP), formulações para tratamento de sementes - pós para tratamento de sementes (DS), grânulos (GR), microgrânulos (MG), formulações secas para diluição em água - grânulos dispersíveis em água (WG) e pós molháveis (WP); formulações líquidas para diluição em água - emulsões, concentrados de suspensão (SC), dispersões de óleo (OD), suspo-emulsões (SE), suspensões em cápsulas (CS); formulações de volume ultra baixo (Knowles, 2005, 2006).

As poeiras (DP) são formuladas através da sorção de um ingrediente ativo em pó mineral sólido finamente moído (talco, argila, etc.) com um tamanho de partícula que varia entre 50-100 μm.

As poeiras podem ser aplicadas diretamente no alvo, quer mecânica quer manualmente. Os ingredientes inertes para esta formulação são agentes antiaglomerantes, protectores ultra-violeta e materiais adesivos para melhorar a adsorção. A concentração do ingrediente ativo (organismo) na poeira é geralmente de 10%. Embora tenham efeitos positivos em determinadas circunstâncias, representam também um grave risco de inalação para os utilizadores. Trata-se de um tipo de formulação antigo que foi utilizado durante muitos anos antes do desenvolvimento dos grânulos, que se tornaram restritos devido ao seu impacto negativo na saúde dos utilizadores. Outros pós são fabricados de forma muito simples e ainda hoje são utilizados em muitas partes do mundo (Knowles, 2001).

Os pós para **o tratamento de sementes (DS)** são formulados através da mistura de um ingrediente ativo, de um veículo de pó e de um inerte que facilita a aderência do produto ao revestimento das sementes. Este tipo de formulação é aplicado às sementes através do revolvimento das mesmas com o produto destinado a aderir-lhes. Os pós para tratamento de sementes são um tipo de formulação muito antigo, uma forma tradicional de produto para revestimento de sementes, e também contêm um pigmento vermelho como marcador de segurança para sementes tratadas (Woods, 2003).

Os grânulos (GR) são semelhantes às formulações de pó, exceto que as partículas granulares são maiores e mais pesadas. As partículas grosseiras (gama de tamanhos de 100-1000 microns para grânulos e 100-600 microns para microgrânulos) são feitas de materiais minerais (caulino, attapulgite, sílica, amido, polímeros, fertilizantes secos e resíduos vegetais moídos) (Tadros, 2005). A concentração do ingrediente ativo (organismos) nos grânulos varia entre 520%. O ingrediente ativo reveste o exterior dos grânulos ou é absorvido por eles. Os produtos granulados são fabricados de forma muito simples, o seu ingrediente ativo é processado através da mistura de uma mistura em pó com uma pequena quantidade de água para formar uma pasta que é depois extrudida e seca, se necessário. Outra forma de produção consiste em aplicar um ingrediente ativo líquido a um material absorvente grosseiro.

Em seguida, os grânulos podem ser revestidos com resinas ou polímeros para controlar a taxa de eficácia do ingrediente ativo após a aplicação. Os biopesticidas granulados são principalmente utilizados para aplicar produtos no solo, a fim de controlar as ervas daninhas, os nemátodos e os insectos que vivem no solo, ou para a absorção das plantas pelas raízes. Uma vez aplicados, os grânulos libertam lentamente o seu ingrediente ativo. Alguns grânulos requerem a humidade do solo para libertar o seu ingrediente ativo (Knowles, 2005; Lyn *et al.*, 2010).

Os pós molháveis (WP) são formulações secas, finamente moídas, para serem aplicadas após suspensão em água. Os pós molháveis são produzidos através da mistura de um ingrediente ativo com um tensioativo, agentes molhantes e dispersantes e agentes de enchimento inertes, seguida de trituração até à dimensão de partícula pretendida (cerca de 5 microns). Estes produtos podem levantar sérios problemas de saúde e segurança para os fabricantes devido à sua pulverulência, que pode causar inalação e problemas de irritação da pele e dos olhos se não forem tomadas precauções de segurança rigorosas. Por estas razões e devido à sua pulverulência durante a aplicação, os pós molháveis são gradualmente suprimidos por concentrados em suspensão ou grânulos dispersíveis em água, que têm sido as formulações de pesticidas mais utilizadas (Knowles, 2005). No que respeita às formulações sólidas de biopesticidas, tem sido dada muita atenção aos WPs devido à sua longa estabilidade de armazenamento, boa miscibilidade com a água e aplicação conveniente utilizando equipamento de pulverização convencional (Brar *et al.*, 2006).

Os grânulos dispersíveis em água (WG) foram desenvolvidos para ultrapassar os problemas de pulverulência das formulações em pó. Os grânulos dispersíveis em água são concebidos para serem suspensos em água, ou seja, os grânulos partem-se para formar uma suspensão uniforme semelhante à formada por um pó molhável. Em comparação com os produtos em pó, estes grânulos dispersíveis em água são relativamente isentos de pó e têm uma boa estabilidade de armazenamento. Os grânulos dispersíveis em água podem ser formulados utilizando várias técnicas de processamento, tais como granulação por extrusão, granulação em leito fluidizado, secagem por pulverização, etc. Os produtos contêm um agente molhante e um agente dispersante semelhantes aos utilizados nos pós molháveis, mas o agente dispersante está normalmente numa concentração mais elevada. Os grânulos dispersíveis em água são geralmente mais caros do que os tipos mais antigos de formulações (pós, pós molháveis), mas a sua segurança e maior conveniência relativamente à aplicação tornam-nos ainda desejáveis para muitos utilizadores (Knowles, 2008).

As emulsões consistem em gotículas de líquido dispersas noutro líquido imiscível (o tamanho das gotículas da fase dispersa varia entre 0,1 e 10 μm). A emulsão pode ser óleo em água (EW), que é uma emulsão normal, ou água em óleo (EO), uma emulsão invertida. Ambos os produtos são concebidos para serem misturados com água antes de serem utilizados. Para evitar a instabilidade, a escolha correcta dos emulsionantes para estabilização é extremamente importante. No caso das emulsões invertidas, as perdas devidas à evaporação e à dispersão por pulverização são mínimas porque o óleo é a fase externa da formulação (Brar *et al.*, 2006). No entanto, a menor estabilidade e a ocasional fitotoxicidade podem afetar o desempenho global das emulsões. Atualmente, estão a ser realizados estudos para analisar uma variedade de óleos e agentes emulsionantes, a fim de melhorar as formulações iniciais de emulsão invertida para biopesticidas (Verner e Bauer, 2007).

O concentrado em suspensão (SC) é uma mistura de um ingrediente ativo sólido, finamente moído, disperso numa fase líquida, normalmente água. As partículas sólidas não são dissolvidas na fase líquida, pelo que a mistura necessita de ser agitada antes da aplicação para manter as partículas uniformemente distribuídas. A composição do concentrado em suspensão é complexa e contém agentes molhantes/dispersantes, agentes espessantes, agentes antiespumantes, etc., para garantir a estabilidade necessária. São produzidos por um processo de moagem húmida e têm uma distribuição de tamanho de partículas que varia entre 1-10 μm. Durante o processo de moagem, os ingredientes inertes adsorvidos nas superfícies das partículas impedem a re-agregação de partículas pequenas. Estas partículas pequenas apresentam frequentemente uma melhor bioeficácia durante a utilização, porque a maior área de superfície das partículas permite um acesso mais fácil do ingrediente ativo aos tecidos das plantas. Por serem à base de água, oferecem muitas vantagens, tais como a facilidade de verter e medir, a segurança para o operador e para o ambiente e a economia. Por isso, estão a tornar-se um tipo de formulação muito popular (Woods, 2003; Knowles, 2005).

As dispersões em óleo (DO) são dispersões de ingredientes activos sólidos num líquido não aquoso destinado a ser diluído antes da utilização. O líquido não aquoso é, na maioria das vezes, um óleo, sendo a melhor escolha um tipo de óleo vegetal. Deste modo, a retenção, o espalhamento e a

a penetração pode ser melhorada. A dispersão em óleo proporciona várias características importantes, tais como a capacidade de fornecer ingredientes activos sensíveis à água e a capacidade de utilizar um fluido adjuvante em vez de água, o que pode aumentar e alargar o controlo dos parasitas. Esta formulação é produzida da mesma forma que a suspensão concentrada. Os ingredientes inertes para este tipo de formulação devem ser cuidadosamente seleccionados para evitar problemas de instabilidade (Vernner e Bauer, 2007).

As suspo-emulsões (SE) podem ser consideradas como uma mistura de suspensão concentrada e emulsão. A formulação deste produto é muito exigente porque é necessário desenvolver um componente de emulsão homogéneo simultaneamente com um componente de suspensão de partículas que se mantenha estável na formulação final do produto. É necessária uma seleção cuidadosa dos agentes dispersantes e emulsionantes adequados para ultrapassar o problema da heterofloculação entre as partículas sólidas e as gotículas de óleo. Além disso, é necessário efetuar testes extensivos de estabilidade de armazenamento desta formulação (Knowles, 2008). Apesar da complexidade desta formulação, a utilização e a importância das suspo-emulsões têm sido notáveis e continuarão a aumentar.

A suspensão de cápsulas (CS) é uma suspensão estável de um ingrediente ativo microencapsulado numa fase contínua aquosa, destinada a ser diluída com água antes da utilização. O bioagente, enquanto ingrediente ativo, é encapsulado em cápsulas (revestimento) feitas de gelatina, amido, celulose e outros polímeros. Deste modo, o bioagente é protegido de condições ambientais extremas (radiação UV, chuva, temperatura, etc.) e a sua estabilidade residual é reforçada devido a uma libertação lenta (controlada).

O método de encapsulamento mais frequentemente aplicado utiliza o princípio da polimerização interfacial.

O encapsulamento em microcápsulas tem sido amplamente utilizado para conferir um tamanho mais pequeno e uma elevada eficiência às formulações de biopesticidas fúngicos (Winder *et al.*, 2003; Brar *et al.*, 2006). As suspensões de microcápsulas têm de ser estabilizadas com tensioactivos e espessantes da mesma forma que as suspensões concentradas e são utilizados aditivos semelhantes. Apesar das vantagens evidentes desta formulação de libertação controlada, o seu desenvolvimento comercial é bastante lento. O progresso lento deve-se em parte à complexidade da formulação e em parte ao seu elevado custo de produção (El-Sayed, 2005; Chen *et al.*, 2013).

Os líquidos de ultra baixo volume (UL) são formulações com uma concentração muito elevada de ingrediente ativo que é extremamente solúvel em líquido compatível com as culturas (líquido de ultra baixo volume). Os produtos UL não se destinam a ser diluídos com água antes da utilização e contêm frequentemente agentes activos de superfície e aditivos de controlo da deriva. Os líquidos de ultra baixo volume são fáceis de transportar e utilizar. Os biopesticidas líquidos UL podem ser formulados de forma semelhante, utilizando um agente de biocontrolo em suspensão como ingrediente ativo (Woods, 2003).

II - FORMULAÇÃO DE MICOINSECTICIDAS

1- INTRODUÇÃO

A gama de insectos controláveis por fungos é vasta. A primeira tentativa de controlar uma praga com um agente fúngico foi realizada na Rússia em 1888, quando o fungo atualmente conhecido como *Metarhizium anisopliae* (Metschn.) Sorokin foi produzido em massa em mosto de cerveja e pulverizado no campo para controlar o gorgulho da beterraba *Cleonus punctiventris* (Germar) (Lord, 2005). O Boverin, um micoinseticida *à base de Beauveria bassiana* para o controlo do escaravelho da batata do Colorado e da traça do bacalhau na antiga URSS, foi desenvolvido em 1965 (Kendrick, 2000). Os fungos matam os insectos principalmente por infeção através da cutícula externa dos insectos, resultante de esporos que atingem a superfície do inseto por acaso, ocorrendo raramente a infeção através do intestino. Uma vez que os esporos não precisam de ser ingeridos, atacam tanto os insectos que sugam como os que mastigam. Os insectos hospedeiros mais frequentemente infectados são afídeos, moscas brancas (cochonilhas), gafanhotos e gafanhotos, larvas de lepidópteros, formigas, térmitas e escaravelhos terrestres em habitats foliares e no solo.

No ciclo de vida mais simples, uma fase de distribuição aérea, um conidiósporo tem uma tolerância considerável a condições ambientais adversas (Thomas et al., 1996). Pousa na cutícula do inseto e germina, produzindo um tubo que penetra na cavidade do corpo e cresce até formar um micélio. Este forma blastosporos de paredes relativamente finas que circulam no interior do inseto, acabando por formar uma biomassa micelial letal. Este micélio volta a crescer através da cutícula, cobre a superfície do corpo e forma conídios distributivos em grande número. Mais tarde, quando as condições adversas terminam a época de reprodução do inseto, o fungo sobrevive como biomassa micelial e conídios nos cadáveres. Este ciclo simples é universal nos Hyphomycetes, que contêm a maioria dos géneros utilizados para o controlo de insectos, juntamente com características importantes de cada género. O outro grande grupo de fungos considerados para uso prático, os Entomophthorales, formam esporos de repouso adicionais muito resistentes e especializados (oósporos), com abundantes reservas de óleo alimentar, para sobrevivência a longo prazo e disseminação lenta do fungo.

Os esporos de fungos são produzidos em massa à escala industrial, armazenados até serem necessários e depois aplicados nos insectos da forma mais eficaz possível. É importante imitar, tanto quanto possível, as condições naturais para produzir esporos em condições óptimas *in vitro* e aplicá-los eficazmente. A função da formulação é melhorar a colheita de esporos, a sobrevivência no armazém, a aplicação e a sobrevivência pós-aplicação.

O sistema de produção mais facilmente automatizado e manuseado é a fermentação líquida profunda, que normalmente produz blastosporos. Os conídios mais resistentes são normalmente produzidos apenas em superfícies discretas de meios líquidos ou substratos sólidos. Os sólidos são mais difíceis de manusear e de aumentar a escala do que os sistemas líquidos. A grande durabilidade dos oósporos é uma vantagem compensada pela dificuldade de produção síncrona e, mais tarde, de germinação síncrona. Consequentemente, a maior parte da tecnologia de produção e formulação foi desenvolvida para blastosporos e conídios. A tecnologia tem de ser optimizada para espécies individuais de fungos ou mesmo para estirpes. Existem muitas análises recentes que discutem a eficácia, os avanços actuais, as tendências futuras e os aspectos regulamentares dos micopesticidas (Copping e Menn, 2000; Neale, 2000; Inglis *et al.*, 2001; Wraight *et al.*, 2001; Castrillo *et al.*, 2005).

Apesar da vasta gama de hospedeiros dos fungos, o número de produtos comerciais tem sido reduzido. A maioria destes produtos tende a ser efémera, pelo que é difícil especificar os produtos disponíveis para venda em qualquer altura. Os que se encontram atualmente à venda incluem alguns pós molháveis que estão disponíveis desde os anos 80, por exemplo, Vertalec contra afídeos e Mycotal contra moscas brancas, esporadicamente utilizados em estufas europeias e contendo blastosporos de diferentes estirpes de *Verticillium lecanii*. A maior parte dos outros produtos atualmente disponíveis são pós molháveis que contêm conídios. *A Beallveria bassialla* é utilizada em grande escala contra vários parasitas de exterior na Rússia (Boverin), na China e, mais recentemente, no Brasil (Metaquino). Os novos produtos incluem Bio-Blast (*Metarhizium anisopliae*) contra térmitas nos EUA, Naturalis (*B. bassinna*) em França, Bairoisa-kamikiri (*Benllveria brongniartii*) no Japão, Mycotrol (pó molhável não pulverulento e suspensão emulsionável facilmente misturável; *B. bnssiann*) nos EUA e produtos que contêm Paecilomyces fumosorosells, por exemplo, Pfr 97 granulado dispersível em água nos EUA e na Europa. Muitos países da América Central e do Sul designaram produtos que contêm Beallverin e Metarhizium com alguns Pneciloll1yces e alguns Nomllrnen e Verticillill1m. A maioria destes produtos são pós ou grânulos molháveis que requerem armazenamento refrigerado, e alguns são de baixa qualidade. Muitas cooperativas produzem fungos para seu próprio uso. Assim, o Brasil tem pós molháveis formulados em argila ou terra de diatomáceas, um produto puro de conídios e um granulado à base de arroz.

Alguns novos produtos estão a ser comercializados, por exemplo, o Green Muscle contra gafanhotos e gafanhotos. Alguns produtos foram retirados ao longo dos anos. Uma das principais razões para o insucesso dos produtos tem sido o seu fraco e irregular desempenho no controlo das pragas. A formulação é um fator-chave para melhorar o desempenho.

4.2- Relações hídricas dos fungos

A água é fundamental para um fungo em todas as fases do seu ciclo de vida; a disponibilidade de água pode ser influenciada pela formulação.

A humidade relativa de equilíbrio (HR) é a mais universalmente útil. Indica o poder de hidratação e evaporação do ar ambiente numa superfície inerte, como o vidro; numa superfície com uma barreira parcial ao movimento da humidade, como a cutícula de um inseto ou planta com um microclima associado; num meio de cultura sólido; ou no solo. Os seus poderes são largamente independentes da temperatura (> 0°C) porque é uma razão de pressão de vapor.

Existem três características de grande importância para os fungos patogénicos de insectos determinados a humidades constantes. A germinação de esporos e o crescimento micelial são óptimos entre 95 e 100% de HR e cessam a 92% (Walstad et al., 1970; Ferron, 1977; Gillespie, 1984; Magan e Lacey, 1984; Inch e Trinci, 1987; Jimenez, 1989). A produção de esporos (por exemplo, blastosporos de Paecilomyces farinosus) é aumentada por uma redução da atividade da água para um valor ótimo de 0,958 (Inch e Trinci, 1987). A sobrevivência de conídios (por exemplo, *Metarhizium anisopliae*) na armazenagem é melhor em humidades extremas próximas de 100 e 0% HR.

3- APLICAÇÃO DE PULVERIZAÇÕES FÚNGICAS

O sucesso impressionante das pulverizações de ultra baixo volume (ULV) formuladas com óleo em gafanhotos em climas secos confunde o conceito de que os fungos infectam os insectos apenas com humidade elevada e estabelece novos princípios. O pequeno tamanho de gota necessário em ULV restringe a utilização de aditivos, limitando assim as opções de formulação valiosas na gama mais elevada de volumes de pulverização utilizados em climas húmidos.

3.1- FORMULAÇÃO DE SPRAYS PARA CLIMAS SECOS

A aplicação de pulverizações ULV com óleo como veículo tem muitas vantagens. A elevada taxa de trabalho permite o tratamento de grandes áreas durante os períodos de condições meteorológicas adequadas, que muitas vezes ocorrem apenas por breves instantes no início da manhã. A distribuição de gotículas é relativamente eficiente e é mais uniforme com a aplicação controlada de gotículas (CDA) de gotículas numa gama estreita de tamanhos.

O óleo também humedece o tipo seco e poeirento dos conídios, permitindo que estes se suspendam facilmente no óleo. Com o impacto, os sprays de óleo espalham-se rapidamente sobre as superfícies hidrofóbicas das folhas e dos insectos, antes de serem absorvidos pelas cutículas.

Existem provas físicas consideráveis de uma adesão eficaz às cutículas de insectos e plantas de conídios hidrofóbicos formulados em óleo. Boucias et al. (1988) relataram a adesão passiva e não específica de conídios à cutícula de insectos. Pensa-se que esta adesão é uma propriedade da camada de hastes na superfície dos conídios (Boucias e Pendland, 1991). Verificou-se que os conídios de *Beauveria bassiana* se dispersaram melhor em óleo (Mycotech 9209) do que em Tween-80 aquoso a 0,05%, enquanto que ocorreu uma aglomeração substancial numa emulsão de 5% de óleo em água, mesmo após homogeneização. No entanto, em três formulações, óleo a ULV, água e emulsão a alto volume (HV), os conídios formaram agregações na luzerna e na erva de trigo de crista *Agropyron eristatum*, e ficaram presos nos pêlos da luzerna. A coloração com marcadores mostrou que 62-80% dos gafanhotos foram atingidos por gotículas de óleo de dispersão pelo vento, com cerca de 70 mm de diâmetro médio volumétrico (VMD), pulverizadas a 1 l/ha (Lomer et al., 1993), embora os impactos no campo possam variar entre 40 e > 90'70 dos gafanhotos. O trabalho de laboratório com conídios de *Metarhizium* e *Beauvaia* formulados em óleo forneceu muitas provas da infeção a baixas humidades e da importância da penetração nas membranas intersegmentares. A germinação de conídios em percevejos (*Blisslls leueopterus*) tende a localizar-se na articulação entre a coxa e o trocânter (Ramoska, 1984). Os conídios infectaram gafanhotos a 12-30% de HR (Marcandier e Khachatourians, 1987). A aplicação tópica de conídios em óleo foi mais eficaz do que em água mais agente humidificante nas partes bucais do gorgulho do cacau Pantorhytes plutllS por x36 (Prior et al., 1988) e sob o escudo pronotal de gafanhotos por x 146 a 35% HR (Bateman et al., 1993).

Em contraste, pulverizações aquosas HV de·B. bassiana (emulsão de óleo mais 4% de argila) contra gafanhotos em condições quentes, secas e ensolaradas não conseguiram reduzir significativamente as populações devido às condições ambientais do campo (Inglis et al., 1997). Em condições secas (45-100% UR dia-noite), os conídios de Paecilomyces fumosoroseus pulverizados em óleo (ShellsolT:óleo de semente de colza, 7:3) e em duas emulsões (1 e 10% de óleo emulsionável Codacide em água) mataram 80-100% das cochonilhas da mosca branca (Bemisia tabaci), mas não mataram nenhuma quando pulverizados em Tween 80 aquoso a 0,1% (todas as pulverizações aplicadas a 2 ml por folha de pepino em plantas em vasos; Smith, 1994). Os conídios de *B. bassiana* em óleo (Mycotech No. 9209) em ULV deram distribuição e penetração através das copas de capim-trigo e alfafa semelhantes às da água com Tween 80 e da emulsão de óleo em água No. 9209 em HV; as formulações não tiveram efeito óbvio na persistência (Inglis et al., 1993). Os conídios de Metarhizium flavoviride em pulverizações de óleo e emulsões de óleo em água sobreviveram mais tempo na folhagem do que os conídios em água, presumivelmente porque o componente de óleo proporcionou uma maior proteção contra as pressões ambientais (Jenkins e Thomas, 1996). Seis óleos vegetais diferentes foram compatíveis com conídios de Nomuraea rileyi em pulverizações em folhas destacadas (Vimala Devi e Prasad, 1996). As pulverizações de óleo de B. bassiana em ULV deram melhor controlo de lagartas de tenda (Dendrolimus spp.) por via aérea e terrestre na China do que as pulverizações aquosas feitas de pó molhável a x0,25 do custo abrangente por via aérea (Yin, 1981). O aumento da concentração de conídios em Sunspray Oil causou o bloqueio intermitente do restritor num pulverizador Micro-Ulva. A aplicação foi satisfatória a 100 gil, dando gotas de 30300 mm de diâmetro e tipicamente 20-40 esporos por gota (Johnson et al., 1992). A viscosidade desejada foi obtida através do ajuste da mistura de óleos pesados e leves (Lomer et al., 1993).

3.2- FORMULAÇÃO DE SPRAYS PARA CLIMAS HÚMIDOS

O tratamento é mais eficaz em condições húmidas do que em condições secas, porque o fungo é disseminado por conídios formados em cadáveres de insectos. O controlo da praga é ainda melhor quando o fungo pode crescer e esporular na planta em aditivos nutritivos incluídos nas gotas maiores formadas por pulverizações de muito baixo volume (VLV), baixo volume (LV) e HV. Ao absorver água durante a noite húmida e ao perdê-la lentamente durante o dia seco, os nutrientes actuam como amortecedores da disponibilidade de água para os fungos. Os nutrientes, tais como a farinha de cereais, podem ser formulados como veículo num pó ou num pó molhável. O exemplo mais conhecido é o *Verticillium lecanii* nos produtos Vertalec e Mycotal, utilizados contra o afídeo e a mosca branca de forma intermitente desde 1980

Criados pela primeira vez em condições controladas, quentes, húmidas e de baixa radiação ultravioleta, em estufa, os produtos à base de farinha de *V lecanii* permitiram um melhor controlo das pragas do que os sprays de esporos isolados. Ao secar, as gotículas deixam pequenas ilhas de nutrientes, invisíveis a olho nu, tal como acontece com os protectores solares. Em 4-5 dias aparece o crescimento de fungos, principalmente na parte inferior das folhas; felizmente, é aqui que se encontra a maioria das pragas, pelo que devem ser utilizados bicos direccionados para cima. O crescimento nas folhas pode produzir mais esporos do que os aplicados. Gillespie et al. (1982), Hall (1982) e Milner e Lutton (1986) mostraram que alguns afídeos eram infectados por ataques directos, outros por esporos colhidos na superfície das folhas e, mais tarde, alguns por esporos que cresciam nas folhas. Num aparelho que imitava a estufa, mas com uma humidade constante, o crescimento de *V lecanii* era ótimo a 100% de HR com água livre presente, inibido a 93% e quase nulo a 80% (Milner e Lutton, 1986). Após a pulverização, há um período de atraso antes do aparecimento dos primeiros insectos doentes, por exemplo, 6 dias a 20°C com *V lecanii* no pulgão *Myzus persicae*.

3.3- LUZ SOLAR E PROTECTORES SOLARES

O efeito letal da luz solar sobre os esporos de *B. bassiana* foi reconhecido no início do conhecimento sobre a infeção microbiana por Bassi, a quem se atribui a primeira prova de que um microrganismo causava uma doença. Recomendou a desinfeção das folhas dadas aos bichos-da-seda através da exposição ao sol como uma cura para a doença da muscardina (Bassi, 1836). A luz solar é um dos factores mais prejudiciais que os fungos enfrentam na folhagem.

3.3.a- Suscetibilidade dos fungos à luz solar

A luz solar começa a matar os fungos poucas horas após o início da exposição. No campo, a correlação negativa da persistência de conídios com a radiação solar total acumulada foi forte (Inglis et al., 1995). Ao considerar a forma de proteger os fungos contra a luz nociva, é importante conhecer os efeitos dos comprimentos de onda constituintes. Os comprimentos de onda nocivos que atingem as plantas no exterior (UVB, 280-320 nm e UVA, 320400 nm) e em estufas (UVA) são descritos na secção 2.2.3a. De entre as várias bandas largas de luz, o UV próximo (320-450 nm, pico 370) foi o mais nocivo em ensaios com diferentes bandas de onda com um fornecimento de energia aproximadamente constante em condições experimentais idênticas (Osman e Valadon, 1981). Dentro da gama UV, os comprimentos de onda mais nocivos para a folhagem são os UVB (280-320 nm) e, em menor grau, os UVA (320-400 nm).

As comparações entre diferentes estudos são difíceis e devem ter em conta os níveis de energia e as temperaturas no ponto de contacto. As fases de desenvolvimento dos fungos variam em termos de suscetibilidade à luz UVB, que por sua vez é influenciada pelas condições ambientais e pelas espécies de fungos.

Antes de se atingir uma exposição letal, a luz UV atrasou a germinação de muitos conídios de 24 a 48 horas ou mais a 25°C. Os efeitos da luz UV aumentaram drasticamente com o aumento da temperatura de 5 para 55 T Os danos causados pela luz UV aos esporos de fungos devem-se a mutagénese e a fotorreacções. Existem grandes diferenças na suscetibilidade à luz solar simulada entre espécies de fungos, apenas parcialmente relacionadas com a pigmentação dos esporos, por exemplo, *Aspergillus niger cinnamomeus* (conídios pretos) é menos suscetível do que *M. flavoviride* (conídios verdes fortemente pigmentados, 92% dos isolados apresentaram 50% de sobrevivência após 1 h de irradiação) < *B. bassiana* (não pigmentado, 61%) < *M. anisopliae* (verde mais pálido, 26%) < *P. fumosoroseus* (ligeiramente pigmentado, 3%). Registaram-se grandes variações de suscetibilidade entre diferentes estirpes da mesma espécie (Fargues et al., 1996).

3.3.b- Proteção contra a luz solar pelos suportes

Os líquidos de transporte em pulverizadores podem proteger parcialmente os conídios contra a luz UV (Moore et al., 1993; Inglis et al., 1995). Em superfícies de vidro, a luz solar simulada ou a luz UVB reduziram rapidamente a sobrevivência dos conídios em 15-60 minutos em água, que provavelmente não oferecia qualquer proteção, ao passo que no óleo houve uma redução de 25-74%, indicando uma proteção considerável por parte do óleo. No entanto, a sobrevivência dos conídios em óleo na folha foi substancialmente menor em relação à do vidro, atribuída à absorção do óleo para longe dos conídios nas células do mesófilo (Moore et al. 1993; Inglis et al., 1995). A re-hidratação dos conídios em água pode aumentar a suscetibilidade.

3.3- c- Aditivos de proteção solar

Diferentes protectores solares usados com *B. bassiana* foram testados quanto à toxicidade: nenhum prejudicou os esporos, incluindo o branqueador ótico Blankophor (BBH-OB), apesar do seu elevado pH de 9,5. Os seus espectros de absorção eram favoráveis, atingindo o pico na banda UVB e estendendo-se um pouco para UVA e UVC. O pH e o solvente ou veículo alteram os espectros. Não consegui detetar qualquer correlação entre os espectros registados e a proteção conferida pelos diferentes ecrãs.

3.4- HUMIDADE, HUMECTANTES E PH

Os dados disponíveis sugerem que a flutuação das condições húmidas e secas na folhagem prejudica a sobrevivência dos esporos. Uma vez iniciada a germinação numa folha, a secura impede o desenvolvimento fúngico e a esporulação na folhagem, efeitos que podem ser melhorados pelos humectantes. Estes retardam a evaporação das pulverizações, absorvem água diuturnamente nos picos de humidade nocturna e perdem-na nos picos de humidade diurna, amortecendo a flutuação da atividade da água e do pH experimentada pelos fungos. O facto de os fungos ganharem água depende de a disponibilidade média diurna de água exceder o seu poder de absorção. Muitos aditivos são higroscópicos. Alguns deles são humectantes potentes com possíveis qualidades nutritivas, por exemplo, o glicerol; outros são principalmente nutrientes com alguma ação humectante, por exemplo, ágar Sabouraud dextrose, leite desnatado e nutrientes sólidos como a farinha.

Alguns são também adesivos, ou humidificantes e/ou tampões de pH. Como complicação adicional, alguns destes aditivos têm efeitos importantes nos espectros de tamanho de gota dos sprays. É impossível atribuir com precisão a importância relativa destas várias qualidades, mas o glicerol pode atuar principalmente como humectante. O efeito do pH da superfície da folha na sobrevivência e germinação de esporos de fungos é pouco conhecido.

3.5- CHUVA E AUTOCOLANTES

Os efeitos adversos da chuva que lava os esporos das folhas não foram demonstrados no campo, possivelmente devido aos benefícios contrários da humidificação. A chuva não teve nenhum efeito dominante na sobrevivência de conídios de B. bassiana pulverizados em plantações de grama de trigo e o veículo (óleo, emulsão de óleo em água em 0,05% de Tween 80 aquoso) teve pouco ou nenhum efeito na persistência no campo (Inglis et al., 1993). É improvável que a chuva lave um número influente de conídios do corpo do inseto; mesmo a agitação violenta, como a lavagem em vórtice em Triton X100 aquoso a 0,05%, removeu apenas metade dos conídios de larvas do gorgulho da videira previamente mergulhadas numa suspensão de conídios de *M. anisopliae* durante 150 s (Moorhouse, 1990). É óbvio que a chuva deve lavar alguns esporos das folhas, pelo que os autocolantes têm a vantagem de serem resistentes à chuva. Este benefício pode ser complementado por outras propriedades de alguns autocolantes. Por exemplo, o leite desnatado (0,5-2,5%) aumentou o depósito de conídios de M. anisopliae, presumivelmente por uma ação benéfica sobre o comportamento da pulverização. A longo prazo, após 7 dias, o número de esporos foi aumentado em 12 vezes devido ao crescimento fúngico nas folhas, em comparação com pulverizações em 0,025% de Triton X-100 em plantas de arroz mantidas em gaiolas de perspex (25°C; cerca de 100% RH) sob luzes fluorescentes, ou seja, sem exposição a UV (Gillespie, 1984). Keller (1992) utilizou leite desnatado como protetor solar autocolante em pulverizações de *Beauveria brongniartii* para iniciar a infeção em galhadores em enxame, *Melolantha melolontha*. Os autocolantes podem tanto estimular como prejudicar os agentes patogénicos fúngicos das infestantes.

3.6- HUMIDIFICANTES E EMULSÕES

Um humidificador é essencial para permitir que os sprays aquosos molhem e se espalhem sobre as superfícies hidrofóbicas das cutículas dos insectos e das folhas. Também ajuda a rehidratar os esporos armazenados secos e a dispersar os aglomerados de esporos. Os humectantes mais frequentemente utilizados são o Triton X-l00 a 0,01-0,5% e o Tween 80. A exposição a curto prazo a estes tensioactivos em pulverizações provavelmente não prejudica os esporos (Prior et al., 1988), embora haja provas limitadas de danos aos esporos de fungos causados pelo Tween 80 em armazenamento a longo prazo.

O Tween 20 e o Silwet L77 podem ser tóxicos para os fungos patogénicos das ervas daninhas e o Tween 80 estimulante. Os tensioactivos lipofílicos são amplamente utilizados como emulsionantes. O óleo transporta esporos hidrofóbicos, e grandes gotículas de emulsão de óleo em água salpicam a folha, deixando os esporos na superfície da folha. Os conídios de *B. bassiana* libertados numa emulsão persistiram vivos na folhagem durante um período de tempo semelhante ao dos conídios em óleo (Inglis et al., 1993). Miller Nufilm, Chevron X-77, Plyac e Spray Oil 435 não tiveram efeito sobre a germinação de *H. thompsonii* em taxas de uso no campo (Couch e Ignoffo, 1981).

Conclusões

As formulações em que os esporos permanecem revestidos com lignina em suspensão melhoraram muito a sobrevivência dos esporos sob radiação solar, mas estas formulações foram menos patogénicas para *L. lineolaris*. A pequena redução da patogenicidade seria provavelmente compensada pelas grandes melhorias na persistência em situações de controlo em que a radiação solar reduziu significativamente a eficácia dos micoinseticidas. No entanto, se a contribuição para a mortalidade de *L. lineolaris* pela absorção de plantas hospedeiras silvestres contaminadas for semelhante à absorção de brócolos em bioensaios laboratoriais, então as melhorias na persistência podem não melhorar muito a eficácia. Em vez disso, devem ser consideradas estratégias para melhorar a patogenicidade e a cobertura para garantir a morte por contacto direto.

São necessários mais trabalhos para determinar se a contribuição da absorção das superfícies das plantas hospedeiras selvagens é mais significativa e avaliar o impacto da radiação solar nos esporos formulados aplicados a estas plantas. A utilização de revestimentos de lenhina solúveis em água em óleo, em vez de revestimentos de lenhina reticulados, não melhorou muito a patogenicidade. Até que a sobrevivência dos esporos durante a secagem por pulverização possa ser melhorada para a formulação revestida de lenhina para, pelo menos, os níveis observados para as formulações de lenhina reticulada, não será uma opção prática. A melhoria da sobrevivência dos esporos durante a secagem por pulverização tornaria as estratégias de revestimento mais práticas. Em situações de controlo de insectos em que a radiação solar reduz significativamente a eficácia dos micoinseticidas e em que a aplicação com grandes volumes de água é adequada, os revestimentos de lenhina reticulada em água são os mais promissores. Em situações de controlo de insectos em que a radiação solar é um fator significativo e em que são apropriadas aplicações de volume ultrabaixo em veículos de transporte de óleo, podem ser utilizados revestimentos de lenhina reticulada ou revestimentos de lenhina, particularmente se a sobrevivência dos esporos durante a secagem por pulverização for melhorada para as formulações de lenhina não reticulada. Embora as vantagens destas formulações para o controlo de *L. lineolaris* ainda tenham de ser demonstradas em ensaios de campo, este estudo demonstra o potencial das estratégias de formulação de esporos revestidos para melhorar consideravelmente a sobrevivência dos esporos sob exposição à radiação solar.

Vantagens da utilização de fungos como insecticidas

(1)- Têm um elevado grau de especificidade para controlar as pragas sem afetar os predadores de insectos benéficos e os parasitas não nocivos.

(2)- Não têm efeitos perigosos no ambiente ou na saúde dos mamíferos, que são normalmente afectados pelas aplicações de insecticidas químicos.

(3)- Têm diferentes formas de infeção; por conseguinte, não é possível desenvolver resistência aos insectos e podem ser utilizados como controlo prolongado de pragas.

(4)- Possuem genes para a secreção de toxinas de insectos; por conseguinte, têm um elevado potencial para um maior desenvolvimento através da investigação biotecnológica.

(5)- Algumas delas têm capacidade endofítica, pelo que podem desempenhar um papel importante na ativação do sistema imunitário.

(6)- A elevada persistência no ambiente proporciona efeitos de supressão a longo prazo dos fungos entomopatogénicos sobre as pragas.

Desvantagens da utilização de fungos como insecticidas

(1)- Têm uma taxa de mortalidade muito lenta: normalmente são necessárias 2-3 semanas para matar os insectos, ao passo que os insecticidas químicos podem necessitar apenas de 2-3 horas.

(2)- Como o processo de patogénese dos fungos é um bioprocesso, requer condições específicas para ser realizado, tais como temperatura, humidade e período de luz específicos.

(3)- Têm uma elevada especificidade na eliminação de pragas, o que faz com que sejam um pesticida que elimina apenas alguns hospedeiros, enquanto que para a comercialização é necessário um pesticida que elimine uma vasta gama de pragas, pelo que são necessários agentes de controlo adicionais para outras pragas.

(4)- A sua produção é relativamente dispendiosa e o curto período de conservação dos esporos exige uma armazenagem a frio.

(5)- A persistência e a eficácia dos fungos entomopatogénicos na população hospedeira variam consoante as espécies de insectos, pelo que é necessário otimizar as técnicas de aplicação específicas para cada inseto, a fim de manter os impactos a longo prazo.

(6) - Apresentam também riscos potenciais para as pessoas imunodeprimidas.

III - FORMULAÇÃO DE NEMÁTODOS ENTOMOPATOGÉNICOS

1- INTRODUÇÃO

Os nemátodos entomopatogénicos das famílias Steinernematidae e Heterorhabditidae são conhecidos desde 1929 e 1975, respetivamente (Glaser e Fox, 1930; Poinar, 1975; Gaugler e Kaya, 1990), mas só se tornaram comercialmente disponíveis na última década (Georgis, 1992). Desde a sua descoberta, os testes indicaram que estes nemátodos têm potencial para controlar as pragas de insectos porque matam uma vasta gama de espécies de insectos, especialmente em condições laboratoriais. Embora a gama de hospedeiros em laboratório seja extensa devido à inexistência de barreiras comportamentais e ecológicas, no campo a gama de hospedeiros dos nemátodos é muito mais restrita (Kaya e Gaugler, 1993). As biologias de *Steinernema* e *Heterorhabditis* têm muitas semelhanças. Apenas o juvenil infecioso do terceiro estádio (larva dauer) pode sobreviver fora de um inseto hospedeiro e passar de um inseto para outro. O juvenil infecioso transporta a bactéria simbiótica no seu intestino (*Xenorhabdus* para os steinernematideos ou *Photorhabdus* para os heterorhabditideos). Liberta as células bacterianas depois de entrar na hemocele do inseto através de aberturas naturais (espiráculos, boca, ânus) e, no caso dos *Heterorhabditis,* diretamente através da cutícula mole de certos insectos. As bactérias proliferam, matam o inseto hospedeiro (geralmente em 24-72h) e tornam o seu interior favorável ao desenvolvimento do nemátodo. No caso *da Heterorhabditis,* o juvenil infecioso que entra no inseto desenvolve-se numa fêmea hermafrodita, pelo que só é necessário um nemátodo para a produção de descendência; no caso da *Steinernema,* pelo menos dois nemátodos têm de entrar e crescer num inseto, uma vez que o juvenil infecioso se desenvolve num macho ou numa fêmea (anfimictico) e a fêmea acasalada é necessária para a produção de descendência. Uma ou mais gerações desenvolvem-se até que os nutrientes derivados do hospedeiro se esgotem. Nessa altura, os nemátodos transformam-se sincronicamente em juvenis infecciosos de terceira fase que deixam o cadáver para procurar novos hospedeiros através da deteção de produtos excretórios de insectos (Kaya e Gaugler, 1993). A temperaturas que variam entre 18-28°C, o ciclo de vida completa-se em 6-18 dias, dependendo do inseto hospedeiro e da espécie de nemátodo (Poinar, 1990). Os avanços na produção e formulação tornaram possível a comercialização de produtos à base de nemátodos. As principais realizações são: produção *in vitro* de nemátodos em número suficiente para aplicações no terreno, a um custo geralmente competitivo com o dos pesticidas químicos (Georgis, 1992); produção consistente de nemátodos de alta qualidade (ou seja, viáveis e patogénicos); desenvolvimento de formulações de nemátodos que proporcionam um prazo de validade suficiente para armazenamento e transporte para o local de utilização; formulações que tornam a aplicação rápida e simples. Atualmente, estão disponíveis produtos à base de nemátodos que cumprem estes requisitos, estando a ser ativamente procuradas versões melhoradas. Através de extensos programas de investigação no terreno, foram desenvolvidas estratégias de aplicação que proporcionam níveis de controlo comparáveis aos dos insecticidas químicos normais. O controlo seletivo de espécies de pragas que poupam os seus inimigos naturais pode ser conseguido através da compreensão dos factores que limitam os nemátodos (por exemplo, dessecação, luz ultravioleta, temperaturas extremas), do conhecimento da ecologia do inseto-alvo (por exemplo, fase de desenvolvimento, interação com a planta hospedeira) e da metodologia de aplicação (por exemplo, aplicação pontual, formulação de iscos, dispersão através de sistemas de irrigação gota a gota).

A formulação dos nemátodos entomopatogénicos difere, num aspeto importante, da dos insecticidas químicos normais. A diferença reside na manutenção da atividade biológica durante a armazenagem e a aplicação do nemátodo (Georgis, 1990). Para evitar a perda de atividade biológica, a abordagem mais lógica consiste em compreender a química fisiológica, a ecologia e o comportamento do nemátodo. Uma vez definida a maioria destes parâmetros, pode proceder-se à seleção do tipo de formulação e dos seus ingredientes.

2- PRODUÇÃO EM MASSA

Rudolph Glaser foi o primeiro a conceber com sucesso um método de cultura de um nemátodo entomopatogénico (*Steinernema*) em meio artificial (Glaser, 1931). No entanto, Glaser não tinha conhecimento da necessidade da bactéria simbiótica que mata o inseto hospedeiro por septicemia, fornece nutrientes ao nemátodo e produz antibióticos para suprimir invasores secundários. A ausência da bactéria fez com que o nemátodo não se tornasse um agente de controlo biológico do escaravelho japonês (Gaugler *et al.,* 1992). Os esforços subsequentes de criação com outras espécies de nemátodos entomopatogénicos foram feitos principalmente com hospedeiros insectos (Dutky *et al.,* 1964). Este método ainda é largamente utilizado em laboratórios de investigação e por alguns na indústria caseira. No entanto, os custos de produção *in vivo* são demasiado elevados para uma produção comercial em grande escala.

Um grande avanço na produção em massa foi feito por Bedding (1984), que desenvolveu uma técnica de cultura semi-sólida monoxénica que alcançou rendimentos muito mais elevados e consistentes. Os custos de produção foram ainda mais reduzidos através de um processo de colheita semi-automatizado. Esta técnica tem sido a escolha de uma série de sociedades descentralizadas, como a China, e de pequenas operações comerciais (Georgis, 1990). Na produção em escala pela técnica da cama, os custos diminuem com o aumento da escala até um nível de produção de aproximadamente 10×10^{12} juvenis infecciosos/mês. Acima deste ponto, os custos de mão de obra tornam-se significativos. A produção por fermentação líquida monoxénica custa menos do que os outros métodos, e estes custos diminuem mais rapidamente até uma capacidade de aproximadamente 50×10^{12} juvenis infecciosos/mês (Friedman, 1990). Atualmente, *o Steinernema carpocapsae, o Steinernema feltiae, o Steinernema glaseri* e *o Steinernema riobravis* podem ser produzidos de forma consistente e eficiente em terminadores de 7500-80000 litros, com uma capacidade de produção de 150000 juvenis infecciosos/ml (Georgis e Manweiler, 1994). Devido a diferenças fisiológicas distintas entre estirpes e espécies de nemátodos (Akhurst e Boemare, 1990; Poinar, 1990), o meio de cultura varia significativamente. Em geral, contém água, um emulsionante, uma fonte de levedura, um óleo vegetal e uma fonte de proteínas (Georgis, 1992). Outras considerações importantes para a obtenção de rendimentos consistentemente de alta qualidade são o arejamento ótimo, a sensibilidade ao cisalhamento e a estabilidade da bactéria da fase I e a sua interação com o nemátodo (Friedman, 1990). A bactéria existe em duas fases, I e II. A fase I produz antibióticos e suporta uma maior produção de nemátodes *in vivo* e *in vitro* do que a fase II (Akhurst e Boemare, 1990).

3- DESENVOLVIMENTO DE FORMULAÇÕES

1- Introdução

O armazenamento deficiente e a sobrevivência pós-aplicação são os principais obstáculos à utilização alargada de nemátodos entomopatogénicos como bioinseticidas. Nenhuma formulação de nemátodo cumpre o requisito de 2 anos de vida útil dos pesticidas químicos padrão. Neste documento, exploramos os conceitos de formulações de nemátodos e tecnologia de aplicação, e avaliamos criticamente os factores que afectam a sobrevivência dos nemátodos em formulações desenvolvidas para armazenamento, transporte e aplicação. As questões de controlo de qualidade, normalização, manuseamento e transporte são brevemente descritas. São explorados os aspectos práticos da aplicação de nemátodos utilizando equipamento convencional de pesticidas, fertilizantes e irrigação e são discutidos os factores que afectam a sobrevivência dos nemátodos durante a aplicação. A investigação recente sobre a utilização de adjuvantes para melhorar a retenção e a sobrevivência dos nemátodos na folhagem é brevemente analisada. A ênfase foi colocada na identificação de lacunas no conhecimento e nas necessidades de investigação para melhorar a estabilidade do armazenamento do nemátodo e a sobrevivência pós-aplicação.

2- Formulação

A formulação refere-se à preparação de um produto a partir de um ingrediente ativo através da adição de determinadas substâncias activas (funcionais) e não activas (inertes). A formulação destina-se a melhorar a atividade, a absorção, o fornecimento, a facilidade de utilização ou a estabilidade de armazenamento de um ingrediente ativo. Exemplos típicos de ingredientes de formulação de pesticidas (aditivos) incluem absorventes, adsorventes, agentes antiaglomerantes, agentes antimicrobianos, antioxidantes, aglutinantes, transportadores, dispersantes, humectantes, conservantes, solventes, tensioactivos, espessantes e absorventes de UV. Embora o conceito geral das formulações para nemátodos seja semelhante ao das formulações tradicionais para pesticidas, os nemátodos apresentam desafios únicos. As elevadas necessidades de oxigénio e humidade, a sensibilidade a temperaturas extremas e o comportamento dos juvenis infecciosos limitam a escolha do método de formulação e dos ingredientes. Os principais objectivos do desenvolvimento de formulações de nemátodos incluem a manutenção da qualidade, o aumento da estabilidade no armazenamento, a melhoria da facilidade de transporte e utilização, a redução dos custos de transporte e o aumento da sobrevivência dos nemátodos durante e após a aplicação. O prazo de validade esperado dos nemátodos Steinernematid e heterorhabditid nas principais formulações é apresentado no Quadro (1).

3- Formulações para armazenamento e transporte

Embora os juvenis infecciosos possam ser armazenados até vários meses na água em tanques refrigerados com bolhas, o custo elevado e as dificuldades de manter a qualidade impedem a utilização deste método. A elevada necessidade de oxigénio, a sensibilidade de algumas espécies de nemátodos a baixas temperaturas, a suscetibilidade à contaminação microbiana e a toxicidade dos agentes antimicrobianos são factores que influenciam a qualidade dos nemátodos durante o armazenamento na água. Por conseguinte, os nemátodos são geralmente formulados em substratos não líquidos ou semi-líquidos logo após a sua produção.

3.1- Formulações com nemátodos em movimento ativo

A colocação de nemátodos sobre ou em suportes inertes proporcionou um meio conveniente de armazenar e enviar pequenas quantidades de nemátodos. Nestas formulações, os nemátodos estão totalmente activos e movem-se livremente dentro ou sobre o substrato. As formulações em suportes inertes são fáceis e menos dispendiosas de fabricar, mas todos os produtos requerem refrigeração durante a armazenagem e o transporte, pelo que são dispendiosos.

3.1.1-Esponja

As formulações à base de esponjas de poliéter-poliuretano são amplamente utilizadas para armazenar e expedir pequenas quantidades de nemátodos na indústria caseira dos EUA, que serve principalmente os mercados de relvados e jardins domésticos. A formulação de esponja é feita através da aplicação de uma suspensão aquosa de nemátodos a uma folha de esponja, normalmente a 500-1000 juvenis infecciosos por cm^2 de área de superfície. Os nemátodos em esponjas podem ser armazenados durante 1-3 meses a 5-10°C. Normalmente, são colocados 5-25 x 106 juvenis infecciosos numa folha de esponja que é depois colocada num saco de plástico. Os sacos são colocados em sacos de gelo para transporte, e os nemátodos são removidos das esponjas por imersão e espremidos à mão em água antes da aplicação. Esta formulação não é adequada para aplicações em grandes áreas, devido a este método de remoção complicado e à grande quantidade de esponjas necessárias.

Tabela (1): Prazo de validade previsto para *Steinernema* e *Heterorhabditis* spp. nas formulações

Formulação	Estirpe de nemátodo	espécies	Prazo de validade	
			22-25°C	2-10°C
Ativamente em movimento				
Esponja[a]	*S.*	Todos	0.03-0.1	2.0-3.0
	H.	HP88	0	1.0-2.0
Vermiculite[a]	*S.*	Todos	0.1-0.2	5.0-6.0
	S.feltiae	REINO UNIDO	0.03-0.1	4.0-5.0
	H. megidis	REINO UNIDO	0	2.0-3.0
Mobilidade reduzida				
Géis de alginato	*S.*	Todos	3.0^.0	6.0-9.0
	S.feltiae	SN	0.5-1.0	4.0-5.0
Géis fluidos	*S.*	Todos	1.0-1.5	3.0-5.0
	S. glaseri	NJ43	0.03-0.06	1.0-1.5
8	*S.*	Cólon	1.0-1.5	3.0^.0
Concentrado líquido	*S.*	Todos	0.16-0.2	0.4-0.5
	S. riobrave	RGV	0.1-0.13	0.23-
Anidrobiótico				
Pó molhável	*S.*	Todos	2.0-3.5	6.0-8.0
	S.feltiae	REINO UNIDO	2.5-3.0	5.0-6.0
	H. megidis	REINO UNIDO	2.0-3.0	4.0-5.0
	H.	NZ	1.0-2.0	3.0^.0
Dispersível em água	*S.*	Todos	4.0-5.0	9.0-

S.feltiae	SN	1.5-2.0	5.0-7.0
S. riobrave	RGV	2.0-3.0	4.0-5.0

Formulação disponível no mercado.

3.1.2-Vermiculite

A formulação em vermiculite é uma melhoria significativa em relação à esponja. As vantagens incluem um produto de nemátodo mais concentrado, uma maior estabilidade de armazenamento e uma aplicação mais conveniente. Normalmente, uma suspensão aquosa de nemátodos é misturada homogeneamente com vermiculite e a mistura é colocada em sacos finos de polietileno. A mistura vermiculita-nematoide é adicionada diretamente ao tanque de pulverização, misturada com água, e aplicada como pulverização ou drench.

3.2- Formulações com nemátodos de mobilidade reduzida

Devido à elevada atividade dos nemátodos nos transportadores inertes, as reservas de energia armazenadas dos juvenis infecciosos esgotam-se rapidamente e, por vezes, estes chegam mesmo a escapar das formulações. Por conseguinte, foram desenvolvidas formulações em que a mobilidade dos nemátodos é minimizada, quer através de aprisionamento físico, quer através da utilização de inibidores metabólicos. Exemplos de tais formulações incluem alginato e géis fluidos e um concentrado líquido contendo um inibidor metabólico patenteado.

3.2.1-Armadilha física

Foram utilizadas folhas finas de alginato de cálcio espalhadas sobre telas de plástico para capturar nemátodos (Georgis, 1990). Para a aplicação, os nemátodos tinham de ser libertados da matriz de gel de alginato dissolvendo-a em água com a ajuda de citrato de sódio (Georgis, 1990). Os produtos à base de alginato de *S. carpocapsae* foram os primeiros a ter um prazo de validade à temperatura ambiente e levaram a uma maior aceitabilidade dos nemátodos em nichos de mercado de elevado valor (Grewal, 1998). No entanto, as demoradas etapas de extração e a problemática eliminação de um grande número de telas e recipientes de plástico tornaram esta formulação inadequada para aplicação em grande escala.

Foi comunicada uma formulação em que os nemátodos são misturados num gel ou pasta viscosos e fluidos para reduzir a atividade (Georgis, 1990). Embora o gel fluido seja fácil de aplicar, o prazo de validade dos nemátodos era mais curto do que o dos géis de alginato, pelo que a utilização deste produto foi suspensa. Chang e Gehert (1995) descreveram uma formulação em pasta na qual os nemátodos são misturados num óleo hidrogenado e acrilamida. Foi registada uma sobrevivência de mais de 80% de *S. carpocapsae* após 35 dias à temperatura ambiente nesta formulação, o que é comercialmente inaceitável.

3.2.2-Paragem metabólica

Grewal (1998) referiu que a adição de um inibidor metabólico patenteado reduz a necessidade de oxigénio e permite o armazenamento de concentrados de *S. carpocapsae, S. feltiae* e *S. riobrave* sem borbulhar ar durante longos períodos à temperatura ambiente. Mais de 7×10^9 juvenis infecciosos de *S. carpocapsae* podem ser armazenados durante 6 dias à temperatura ambiente num recipiente de 10 litros, sem perda significativa de viabilidade. Esta formulação de concentrado líquido é utilizada para o transporte de *S. riobrave* para aplicação em citrinos contra o gorgulho da raiz *Diaprepes*. Yakawa e Pitt (1985) descreveram uma formulação em que os nemátodos eram aprisionados em carvão ativado em pó que servia de adsorvente. A mistura de carvão e nemátodo foi armazenada em recipientes selados para minimizar a disponibilidade de oxigénio. O custo elevado, a falta de estabilidade à temperatura ambiente e as dificuldades de aplicação tornaram esta formulação inadequada para utilização comercial.

3.3- Formulações com nemátodos anidrobióticos

Os nemátodos necessitam de uma película de água à volta do seu corpo para um metabolismo, atividade e movimento óptimos. No entanto, as reservas de energia dos juvenis infecciosos são constantemente esgotadas durante a atividade. Por conseguinte, um dos objectivos da formulação tem sido reduzir a taxa de consumo das reservas de energia armazenadas pelos juvenis infectados. Isto foi conseguido em algumas formulações através da dessecação dos juvenis infecciosos. Os nemátodos entomopatogénicos só são capazes de anidrobiose parcial, sendo por isso referidos como anidrobiotas quiescentes (Womersley, 1990). Embora tenha sido demonstrada a dessecação de nemátodos a humidades relativas controladas (Simmons e Poinar, 1973; Popiel *et at,* 1993), este método teve pouco sucesso comercial. A indução de anidrobiose parcial foi conseguida com êxito através do controlo da atividade da água (*Aw*) das formulações (Bedding, 1988; Silver *et at,* 1995; Grewal, 2000a). A atividade da água é uma medida do grau de ligação da água, estrutural ou quimicamente, aos nemátodos. Ao contrário do teor de água, *a Aw* é influenciada pela ligação das moléculas de água às superfícies, bem como pela osmose. *A Aw* é igual à humidade relativa do ar, em equilíbrio com uma amostra de nemátodo num recipiente selado. *A Aw* é definida como o rácio da pressão do vapor de água sobre uma amostra *(P)* dividido pela pressão da água sobre a água pura *(PQ).* Assim, multiplicando a atividade da água por 100, obtém-se a humidade relativa da atmosfera em equilíbrio com a amostra. A atividade da água pode ser facilmente medida utilizando um medidor de atividade da água, tal como os utilizados habitualmente na indústria alimentar (AquaLab Modelo CX-2, Decagon Devices, Inc., Pullman, Washington). As formulações que contêm nemátodos parcialmente anidrobióticos incluem géis, pós e grânulos.

3.3.1-Géis

Bedding e Butler (1994) desenvolveram uma formulação em que o chorume de nemátodos é misturado em poliacrilamida anidra de modo a que o gel resultante atinja uma atividade de água entre 0,800 e 0,995. Os nemátodos foram parcialmente dessecados, mas a sobrevivência à temperatura ambiente foi baixa. Além disso, esta formulação era difícil de dissolver e resultou no entupimento dos pulverizadores.

3.3.2-Pós

Em 1988, foi descrita uma formulação em que os nemátodos eram misturados em argila para remover o excesso de humidade superficial e produzir uma dessecação parcial (Bedding, 1988). A formulação, denominada "sanduíche", consistia numa camada de nemátodos entre duas camadas de argila. Esta formulação foi comercializada pela Biotechnology Australia Ltd, mas foi posteriormente descontinuada devido a uma estabilidade de armazenamento inconsistente, ao entupimento dos bicos de pulverização e a uma baixa relação nemátodo/argila.

Foi desenvolvida uma formulação melhorada de pó molhável que permite o armazenamento de heterorhabditids e steinernematids à temperatura ambiente (Grewal, 1998). Os nemátodos são parcialmente dessecados devido à adição de absorventes de água nesta formulação. Esta formulação também é fácil de aplicar devido à elevada dispersibilidade em água. *A Heterorhabditis megidis* pode ser armazenada até 3 meses a 22°C sem perda de viabilidade nesta formulação.

3.3.3-Granulado

Capinera e Hibbard (1987) descreveram uma formulação granular em que os nemátodos eram parcialmente encapsulados em farinha de luzerna e farinha de trigo. Mais tarde, Connick *et at* (1993) descreveram um grânulo extrudido ou formado no qual os nemátodos estavam distribuídos por uma matriz de glúten de trigo. Esta formulação "Pesta" incluía um agente de enchimento e um humectante para aumentar a sobrevivência dos nemátodos. O processo envolveu a secagem dos grânulos a uma humidade baixa para evitar a migração dos nemátodos e reduzir o risco de contaminação. No entanto, os grânulos secam rapidamente durante o armazenamento, resultando numa fraca sobrevivência dos nemátodos.

Foi desenvolvida uma formulação granular dispersível em água (WG), na qual os juvenis infecciosos são encerrados em grânulos de 10-20 mm de diâmetro, constituídos por misturas de vários tipos de sílica, argilas, celulose, lenhina e amidos (Georgis *et at,* 1995; Silver *et at,* 1995). Estes grânulos são preparados através de um processo de granulação convencional em que as gotículas que contêm uma suspensão espessa de nemátodos são pulverizadas sobre um pó de formulação pré-misturado numa panela rotativa inclinada (Grewal e Georgis, 1998). À medida que as gotículas de nemátodo entram em contacto com os pós, os grânulos começam a formar-se e a rolar sobre os pós secos, absorvendo mais pó à sua volta. Os grânulos são então peneirados dos pós e embalados em caixas de transporte. A matriz granular permite o acesso do oxigénio aos nemátodos durante a armazenagem e o transporte. A uma temperatura óptima, os nemátodos entram num estado anidrobiótico parcial devido à remoção lenta da sua água corporal pela formulação. A indução de anidrobiose parcial é geralmente evidente no prazo de 4-7 dias, através de uma redução de três a quatro vezes no consumo de oxigénio dos nemátodos (Grewal, 2000a,b).

As formulações granulares dispersíveis em água oferecem várias vantagens em relação a outras formulações. Estas incluem: (i) estabilidade prolongada de armazenamento de nemátodos à temperatura ambiente, (ii) maior tolerância dos nemátodos a temperaturas extremas, permitindo um transporte mais fácil e menos dispendioso, (iii) maior facilidade de utilização dos nemátodos através da eliminação de etapas de preparação intensivas em termos de tempo e mão de obra, (iv) diminuição do tamanho do recipiente e da taxa de cobertura, (v) diminuição do material de eliminação (ou seja, ecrãs e recipientes) e uma aparência mais aceitável. Esta é a primeira formulação comercial que permite o armazenamento de *S. carpocapsae* durante mais de 6 meses a 25°C (Grewal, 2000a).

4- Formulações para aplicação

A baixa sobrevivência pós-aplicação no solo e na folhagem reduz a eficácia do nemátodo (Smits, 1996). Embora vários adjuvantes tenham sido avaliados para aumentar a sobrevivência dos nematóides, a pesquisa para desenvolver formulações que aumentem a sobrevivência é limitada. O desenvolvimento de formulações que protejam os nemátodes dos extremos ambientais durante e após a aplicação pode aumentar substancialmente a eficácia dos nemátodes. Esta área merece mais atenção e pode produzir resultados interessantes. As formulações especificamente destinadas a aumentar a sobrevivência pós-aplicação de nemátodos no solo e na folhagem são descritas abaixo.

4.1- Cadáveres dessecados

Verificou-se que os nemátodos aplicados sob a forma de larvas infectadas de traça-da-cera *(Galleria mellonella)* são tão eficazes como uma suspensão aquosa de nemátodos contra parasitas do solo (Welch e Briand, 1960; Janson e Lecrone, 1994). A aplicação de insectos infectados com nemátodos pode ser superior às suspensões aquosas (Shapiro e Glazer, 1996). Foi desenvolvida uma formulação baseada em cadáveres dessecados revestidos com argila que pode permitir a aplicação sem que os cadáveres se rompam ou adiram uns aos outros.

4.2- Cápsulas

Os macrogéis contendo nemátodos encapsulados têm sido sugeridos como sistemas de distribuição para o controlo de pragas do solo e foliares. O encapsulamento de nemátodos em pérolas de gel de alginato de cálcio foi referido pela primeira vez por Kaya e Nelsen (1985), que defenderam a sua utilização como isco ou para aplicações no solo. Quando as cápsulas de alginato foram colocadas no solo com humidade adequada, a maioria dos nemátodos migrou para fora dos grânulos no espaço de uma semana. Navon *et at* (1999) avaliaram um gel de alginato de cálcio comestível para insectos para *S. riobrave*. Relataram uma elevada sobrevivência do nemátodo durante 48 horas no gel a 61% de humidade relativa. Foi demonstrado que uma poliacrilamida formadora de gel utilizada para aumentar a capacidade de retenção de água de solos arenosos aumenta a sobrevivência de *S. carpocapsae* quando aplicada contra o gorgulho da raiz *Diaprepes* em citrinos (Georgis, 1990). Chang e Gehert (1992) desenvolveram macrogéis contendo *S. carpocapsae* encapsulado juntamente com uma acrilamida que retém a água em goma gelana. A goma gelana é líquida à temperatura ambiente e pode ser induzida a gelificar com a adição de um catião divalente, como o cálcio.

4.3- Iscas

Foram desenvolvidos iscos que contêm juvenis infecciosos, um veículo inerte (por exemplo, grãos de milho, cascas de amendoim ou farelo de trigo) e um estimulante alimentar (por exemplo, glucose, extrato de malte, melaço ou sacarose) ou uma feromona sexual (Georgis, 1990). *S. carpocapsae* e *S. scapterisci mostraram-se* particularmente promissores nos iscos; devido à sua estratégia de forrageamento "sentar e esperar", não escapam à formulação e são mais tolerantes à dessecação do que outras espécies. No entanto, apenas se conseguiu um controlo moderado dos vermes, gafanhotos e grilos (Georgis, 1990). Quando se utilizaram estações de armadilhas que asseguravam o contacto do nemátodo com a praga-alvo e protegiam os nemátodos da luz solar e da dessecação, os iscos tiveram um desempenho superior ao do inseticida químico padrão contra moscas domésticas adultas em unidades de suínos (Renn, 1998) e baratas alemãs em apartamentos (Appel *et al*, 1993).

5- Factores que afectam a sobrevivência dos nemátodos nas formulações

5.1- Método de cultura

Verificou-se que os nemátodos produzidos *in vivo* são mais estáveis do que os produzidos *in vitro*. Por exemplo, a sobrevivência de *S. riobrave* armazenado em água a 9°C foi maior quando cultivado em larvas *de G. mellonella* do que em meios líquidos. No entanto, os mecanismos para estas diferenças não foram explorados e podem fornecer pistas sobre factores fisiológicos que afectam a estabilidade da armazenagem. A exposição dos nemátodos durante a cultura a stresses, incluindo temperaturas extremas, privação de oxigénio, stress de cisalhamento, tipo e quantidade de antiespuma e contaminação microbiana, pode influenciar a qualidade dos nemátodos, levando a uma redução da vida útil. Os nemátodos são altamente sensíveis ao stress de cisalhamento e o stress de cisalhamento associado aos fermentadores agitados pode influenciar a reprodução dos nemátodos (Friedman, 1990). A tensão de cisalhamento durante a fermentação também pode reduzir a sobrevivência dos nemátodos nas formulações. Em lotes de *S. carpocapsae* produzidos em fermentadores agitados, foi encontrada uma correlação negativa elevada entre a velocidade da ponta do impulsor e a sobrevivência do nemátodo a 25°C.

Recentemente, o desenvolvimento vasto e maciço em todos os ramos da ciência leva ao desenvolvimento dos materiais e métodos de quaisquer formulações. Assim, o NemaGel, por exemplo, é uma nova formulação para nemátodos entomopatogénicos, baseada num hidrogel recentemente desenvolvido, que se verificou aumentar o prazo de validade do nemátodo indígena *Steinernema thermophilum*. A concentração de nemátodos no NemaGel pode ser ajustada até 1×10^5 juvenis infecciosos por grama. A sobrevivência dos nemátodos formulados foi significativamente melhor do que a das suspensões aquosas após 9 meses de armazenamento a 15°C, e após 6, 2 e uma semana a 30, 35 e 40°C, respetivamente.

Mais de 50% de sobrevivência de juvenis infecciosos formulados foi registada mesmo após 36 meses de armazenamento a 15°C, e 24, 16 e 8 semanas de armazenamento a 30, 35 e 40°C, respetivamente. Os nemátodos formulados armazenados à temperatura ambiente (expostos a condições de temperatura diurnas flutuantes que variam de 15 a 39°C), de agosto de 2004 a maio de 2005, mostraram 89% de sobrevivência em comparação com apenas 16% no controlo, após 9 meses de armazenamento (Ganguly *et al.*, 2006).

Um grande obstáculo à utilização de EPN como bioinseticidas é o seu fraco tempo de conservação. Este facto deve-se principalmente à sua sensibilidade à dessecação e à radiação UV e à sua fraca tolerância a temperaturas elevadas. Por conseguinte, foram feitos esforços para desenvolver formulações que ultrapassem estas limitações (Grewal, 2002). No entanto, não se conhece nenhuma formulação microbiana que consiga igualar o prazo de validade de 2 anos das formulações de pesticidas químicos. Foram utilizados vários suportes, como argila (Bedding, 1991), carvão ativado (Yakawa e Pitt, 1985), esponja, vermiculite e turfa (Georgis, 1990), para formular juvenis infecciosos de nemátodos. Também foi desenvolvida uma formulação baseada na imobilização de nemátodos em gel de alginato de cálcio (Georgis, 1990; Kaya e Nelsen, 1985). Esta formulação requer a utilização de citrato de sódio para libertar os nemátodos do gel, o que demora cerca de 20-30 minutos e limita frequentemente a sua aplicação em grande escala.

Para ultrapassar este problema, foram desenvolvidos grânulos dispersíveis em água de EPNs (Georgis e Dunlop, 1994). Embora de utilização conveniente, a vida útil máxima dos juvenis infecciosos de EPNs alcançada foi de seis meses a temperaturas até 25°C. Em algumas das formulações, foram também utilizados hidrogéis solúveis em água (Nelsen e Catherine, 1986,

1987).

Os EPN utilizados na maioria das formulações biopesticidas não são adequados para utilização em condições tropicais e subtropicais devido à sua incapacidade de suportar temperaturas superiores a 25°C. *O Steinernema thermophilum* Ganguly *et* Singh, com um amplo espetro de potencial de biocontrolo, revelou-se eficaz em amplas gamas de temperatura e humidade, pelo que é um bioagente adequado em condições tropicais e subtropicais (Ganguly e Singh, 2000, 2001; Ganguly e Gavas, 2004 a,b). A sua eficácia no terreno, quando utilizada como pulverização foliar contra a traça-das-crucíferas (*Plutella xylostella*) na couve, também foi estabelecida (Somvanshi *et al.*, 2006). Para comercializar este bioagente némico, havia uma necessidade urgente de uma formulação adequada, não só para aumentar o seu prazo de validade, mas também para facilitar o seu transporte.

Por conseguinte, foi desenvolvida uma nova formulação de *S. thermophilum*, nomeadamente NemaGel, utilizando hidrogel superabsorvente de origem semi-sintética (Ganguly *et al.*, 2006). Este artigo relata o prazo de validade de *S. thermophilum* em NemaGel, a temperaturas constantes de 15, 30, 35 e 40°C em incubadoras BOD, bem como condições de temperatura diurnas variáveis (máxima e mínima) prevalecentes em condições ambientais.

O novo hidrogel (Anupama e Parmar, 2005) foi utilizado como transportador para prender e imobilizar os juvenis infecciosos recém-emergidos de *S. thermophilum*, para formar o NemaGel. Os pormenores da formulação não são fornecidos por razões de patente. O nível de água da formulação foi optimizado para assegurar um aprisionamento adequado (Ganguly *et al.*, 2006).

Mais uma vez, Hussein e Abdel-Aty (2013) avaliaram a adequação de dois EPNs indígenas, *Heterorhabditis bacteriophora* (BA1) e *Steinernema carpocapsae* (BA2), para formulação e armazenamento em hidrogel, caulinite e alginato de cálcio à temperatura ambiente. Os autores referiram que a tecnologia de formulação de EPNs registou progressos significativos nos últimos 15 anos. Uma vez produzidos, os nemátodos podem ser transportados numa forma ativa em esponja ou em líquidos, mas mais geralmente são formulados em suportes sólidos inertes (por exemplo, argilas, vermiculite) nos quais os nemátodos são parcialmente desidratados (Bedding, 1988; Grewal, 2002). Em muitas empresas comerciais de biopesticidas à base de EPNs, foram desenvolvidas formulações que vão desde a impregnação de EPNs em esponjas artificiais até formulações granulares altamente avançadas e, recentemente, foi desenvolvida uma nova formulação de cadáveres fechados com fita adesiva com potencial para utilização na aplicação de EPNs (Shapiro-Ilan *et al.*, 2010). Os nemátodos em fase infecciosa (IJs) têm de ser formulados em materiais que garantam a sobrevivência durante o período necessário para comercializar o produto à base de nemátodos, como o quitosano, que foi recentemente utilizado para revestir *Steinernema carpocapsae* contra o gorgulho da palmeira vermelha (Lia'cer *et al.*, 2009). As formulações estáveis foram obtidas através da imobilização e/ou dessecação parcial dos JI. Estas formulações permitiram a introdução de produtos EPNs com um prazo de validade aceitável em vários segmentos de mercado (Grewal, 2002). Por conseguinte, o objetivo deste trabalho foi avaliar a adequação de duas estirpes egípcias de EPNs, *H. bacteriophora* (BA1) e *S. carpocapsae* (BA2), para formulação e armazenamento em hidrogel, caulinite e alginato de cálcio.

IV - Tendências futuras no domínio do biocontrolo

A exigência de produtos mais seguros destinados à proteção das plantas leva a uma preferência por formulações de biopesticidas com boa eficácia e estabilidade. Os biopesticidas constituem alternativas ecológicas aos pesticidas químicos, mas enfrentam uma série de desafios no seu desenvolvimento, fabrico e aplicação.

A investigação sobre a sua produção, formulação e distribuição poderá contribuir grandemente para a comercialização dos biopesticidas. Parece provável que os biopesticidas venham a ter uma utilização mais alargada no futuro, à medida que os seus métodos de aplicação forem melhorando e que for identificada uma escolha melhor e mais barata de diferentes inertes para várias formulações. Foi demonstrado que a utilização de biopesticidas com adjuvantes aumenta a sua atividade, o que abriu novas oportunidades de desenvolvimento neste domínio. A seleção de uma formulação adequada pode melhorar a estabilidade do produto, aumentar e prolongar a sua atividade e reduzir a inconsistência do desempenho no terreno de muitos bioagentes potenciais. Os biopesticidas são vistos como uma ferramenta para o desenvolvimento de uma estratégia mais racional de utilização de pesticidas e os futuros produtos devem ter um melhor equilíbrio entre eficiência e custo (El-Sayed, 2005; Rao, 2007; Glare, 2012; Khater, 2012).

As tendências relacionadas com o tipo de formulações de biopesticidas iriam provavelmente passar de pós molháveis e concentrados em suspensão para grânulos dispersíveis em água e de pós para grânulos, por razões de segurança, e de formulações de componente único para formulações multicomponentes.

Além disso, é de esperar um aumento do número de formulações de libertação controlada para otimizar os seus efeitos biológicos, enquanto novos tipos de formulações, como a nanoemulsão, a nanosuspensão, a suspensão em nanocápsulas, etc., resultarão da nanotecnologia recentemente desenvolvida (Rao, 2007; Ghoromade *et al.*, 2011; Glare, 2012). Foram feitos progressos significativos no desenvolvimento de formulações e métodos de aplicação, mas ainda há muito trabalho a fazer no que respeita à utilização de biopesticidas para a proteção das plantas. É provável que o aperfeiçoamento das técnicas e a investigação multidisciplinar de fitopatologistas, químicos de formulações e engenheiros agrónomos proporcionem produtos bons, seguros, eficazes e baratos para a proteção das plantas.

V - REFERÊNCIAS

Akhurst, R.J. e Boemare, N.E. (1990): Biology and taxonomy of *Xenorhabdus,* in: Entomopathogenic Nematodes in Biological Control (eds R Gaugler e H.K. Kaya), CRC Press, Boca Raton, pp. 75-92.

Aleshina, I.M.; Evpak, A.N. e Lomovskaya, T.F. (1986): Preparação de preparado entomopatogénico bacteriano por cultivo de *Bacillus thuringiensis* adicionando compostos de sal especificados para aumentar o rendimento e melhorar as propriedades. Patente SU1510 813 A890930.

Anupama, K.R. e Parmar B.S. (2005): Novos hidrogéis superabsorventes e o método de obtenção dos mesmos. Pedido de patente indiano n.º 3462/DEL/2005.

Appel, A.G., Benson, E.P., Ellenberger, J.M. and Manweiler, S.A. (1993) Laboratory and field evaluations of an entomogenous nematode (Nematoda: Steinernematidae) for German cockroach (Dictyoptera: Blatellidae) control. *Journal ofEconomic Entomology* 86, 777-784.

Bateman, R. P., Carey, M., Moore, D. e Prior, C. (1993) O aumento da infecciosidade do *Metarhizium flavoviride* em formulações de óleo para gafanhotos do deserto a baixas humidades. *Ann. App! Biol.* 122, 145-52.

Bassi, A. (1836) *Del Mal del Segno, Calcinaccio 0 Moscardino, Parte Seconda, Practica.* Lodi, Orcesi.

Bedding, R.A. (1991): Armazenamento de nemátodos entomopatogénicos. Patente dos EUA nº 5042,427.

Bedding, R.A. (1984): Produção, armazenamento e transporte em grande escala dos nemátodos parasitas de insectos *Neoaplectana* spp. e *Heterorhabditis* spp. Ann. Appl. Biol., 104: 118-120.

Bedding, R.A. (1988): Armazenamento de nemátodos entomopatogénicos. Patente no. WO88/08668.

Bedding, R.A. e Butler, K.L. (1994) Method for storage of insecticidal nematodes. *Patente mundial* nº WO 94/05150.

Boucias, D. G., Pendland, J. C. e Latge, J. P. (1988) Factores não específicos envolvidos na fixação de deuteromicetos entomopatogénicos à cutícula do hospedeiro. *Appl. Environ. Microbiol. 54,* 1795-805.

Boucias, D. G. and Pendland, J. C. (1991) Attachment of mycopathogens to cuticle: the initial event of mycoses in arthropod hosts, in *The Fungal Spore and Disease Initiation* in *Plants and Animals* (eds G. T. Cole and H. C. Hock), Plenum Press, New York, pp. 101-27.

Boyetchko, S.; Pedersen, E.; Punja, Z. e Reddy, M. (1998): Formulação de Biopesticidas. Em F.R. Hall & J.J. Menn (Eds.), Biopesticides: Use and

Métodos de distribuição em biotecnologia. (pp. 487-508). Totowa, NJ: Humana Press.

Brar, S.K.; Verma, M.; Tyagi, R.D. e Valero, J.R. (2006): Recent advances in downstream processing and formulations of *Bacillus thuringiensis* based biopesticides. Process Biochemistry, 41(2): 323-342.

Burges, H.D. (Ed.) (1998): Formulação de Biopesticidas Microbianos. (pp. 7-27). Dodrecht, Países Baixos: Kluwer Academic Publisher.

Capinera, J.L. e Hibbard, B.E. (1987): Formulações de isco de insecticidas químicos e microbianos para a supressão de gafanhotos que se alimentam de culturas. J. Agric. Entomol., 4: 337-344.

Castrillo, L.A.; Roberts, D.W. e Vandenberg, J.D. (2005): O passado, presente e futuro dos fungos: germinação, ramificação e reprodução. Journal of Invertebrate Pathology, 89: 46-56.

Chandler, D.; Bailey, A.; Tatchell, G.M.; Davidson, G.; Greaves, J. e Grant, W.P. (2011): O Desenvolvimento, Regulamentação e Uso de Biopesticidas para o Manejo Integrado de Pragas. Transação Filosófica da Sociedade Real B, 386: 213.

Chang, F.N. e Gehret, M.J. (1992) Insecticide delivery system and attractant. *Patente dos EUA n.º* 5.141.744.

Chang, F.N. e Gehret, M.J. (1995) Composições estabilizadas de nemátodos de insectos. *Patente dos EUA* nº 5,401,506.

Chen, K.N.; Chen, C.Y.; Lyn, Y.C. e Chen, M.J. (2013): Formulação de um novo biopesticida baseado em bactérias antagônicas para o controle de doenças fúngicas usando técnicas de microencapsulação. Jornal de Ciências Agrárias, 5(3): 153163.

Connick, W.J. Jr, Nickle, W.R. e Vinyard, B.J. (1993) 'Pesta': new granular formulations for *Steinernema carpocapsae. journal ofNematology* 25, 198203.

Copping, L.G. e Menn, J.J. (2000): Biopesticides: a review of their action, applications and efficacy. Pest Management Science, 56: 651-676.

Couch, T. L. e Ignoffo, C. M. (1981) Formulation of insect pathogens, em *Microbial Control of Pests and Plant Diseases 1970-1980* (ed. H. D. Burges), Academic Press, Londres, pp. 621-34.

Dulmage, H.T. e Rhodes, R.A. (1971): Produção de agentes patogénicos em meios artificiais, em: Microbial Control of Insects and Mites (eds H.D. Burges e N.W. Hussey), Academic Press,

Londres, pp. 507-540.

Dutky, S.R.; Thompson, J.V. e Cantwell, G.E. (1964): Uma técnica para a propagação do nematoide DD-136. J. Insect Pathol, 6: 417-422.

El-Sayed, W. (2005): Biological Control of Weeds with Pathogens: Current Status and Future Trends. Journal of Plant Disease and Protection, 112(3): 209-221.

Base de dados de pesticidas da UE, (2013), Substâncias activas. http://ec.europa.eu/ sanco pesticides/public/index. cfm?event=activesubstance.selection&a=1

Fargues, L Goettel, M. S., Smits, N. *et al. (1996)* Variabilidade na suscetibilidade à luz solar simulada de conídios entre isolados de Hyphomycetes entomopatogénicos. *Mycopathologia 135,* 171-81.

Ferron, P. (1977) Influência da humidade relativa no desenvolvimento da infeção fúngica causada por *Beauveria bassiana* (Fungi imperfecti, Moniliales) em imagos de *Acanthoscelides obtectus* (Col. Bruchidae). *Entomophaga* 22, 3936.

Friedman, M.J. (1990): Commercial production and development, in: Entomopathogenic Nematodes in Biological Control (eds R. Gaugler e H.K. Kaya), CRC Press, Boca Raton, pp. 153-172.

Ganguly, S. e Gavas, R. (2004a): Effect of soil moisture on the infectivity of entomopathogenic nematode, *Steinernema thermophilum* (Steinernematidae: Rhabditida). Jornal Internacional de Nematologia, 14: 78-80.

Ganguly, S. e Gavas, R. (2004b): Gama de hospedeiros do nemátodo entomopatogénico, *Steinernema thermophilum* (Steinernematidae: Rhabditida). Jornal Internacional de Nematologia, 14: 21-28.

Ganguly, S. e Singh, L.K. (2000): *Steinernema thermophilum* sp. *n.* (Rhabditida: Steinernematidae) da Índia. International Journal of Nematology, 10: 183191.

Ganguly, S. e Singh, L.K. (2001): Requisitos térmicos óptimos para a infecciosidade e o desenvolvimento de um nemátodo entomopatogénico indígena, *Steinernema thermophilum*. Indian Journal of Nematology, 31: 148-152.

Ganguly, S.; Anupama e Parmar, B.S. (2006): Uma nova formulação biopesticida com prazo de validade melhorado e o método da sua preparação. Pedido de patente indiano n.º 2218/DEL/2006.

Gaugler, R.; Campbell, J.F.; Selvan, S. e Lewis, E.E. (1992): Libertações inoculativas em grande escala do nemátodo entomopatogénico *Steinernema glaseri:* avaliação 50 anos depois. Biol.

Controlo, 2: 181-187.

Gaugler, R. e Kaya, H.K (eds) (1990): Entomopathogenic Nematodes in Biological Control, CRC Press, Boca Raton.

Georgis, R. (1990): Formulação e tecnologia de aplicação, em: Entomopathogenic Nematodes in Biological Control (eds R. Gaugler e H.K. Kaya), CRC Press, Boca Raton, pp. 179-191.

Georgis, R (1992): Present and future prospects for entomopathogenic nematode products. Biocontrol Sci. Technol., 2: 83-99.

Georgis, R. e Dunlop, D.B. (1994): Water dispersible granules: a novel formulation for nematode based bioinsecticides. Pp. 31-66. In: Proceedings of the Brighton Crop Protection Conference 1994 - Pests and Diseases, Vol. 2, British Crop Protection Council, Farnham, U.K.

Georgis, R. e Manweiler, S.A. (1994): Entomopathogenic nematodes: a developing biological control technology. Agric. Zool. Rev., 6: 63-94.

Georgis, R.; Dunlop, D.B. e Grewal, P.S. (1995): Formulação de nemátodos entomopatogénicos, em: Biorational Pest Control Agents: Formulation and Delivery, ACS Symposium Series No. 595 (eds F.R Hall e J.W. Barry), American Chemical Society, Washington, DC, pp. 197-205.

Ghormade, V.; Deshpande, M.V. e Paknikar, K.M. (2011): Perspectivas para a nanobiotecnologia permitiram a proteção e nutrição das plantas. Biotechnology Advances, 29(6): 792-803.

Gillespie, A T., Hall, R. A and Burges, H. D. (1982) Control of onion *thrips*, *Thrips tabaci* and the red spider mite, *Tetranychus urticae* by *Verticillium lecanii*, in *Invertebrate Pathology and Microbial Control, Proceedings of the* III *International Colloquium on Invertebrate Pathology*, University of Sussex, Brighton (eds e. e. Payne and H. D. Burges), Society for Invertebrate Pathology, p. 100.

Gillespie, A T. (1984) The potential of entomogenous fungi to control glasshouse pests and brown plant hopper of rice, tese de doutoramento, Universidade de Southampton.

Glare, T.; Caradus, J.; Gelernter, W.; Jackson, T.; Keyhani, N.; Kohl, J. e Stewart, A. (2012): Have biopesticides come of age. Tendências em Biotecnologia, 30(5): 250-8.

Glaser, R.W. e Fox, H. (1930): Um nemátodo parasita do escaravelho japonês (*Popillia japonica* Newm.). Science, 71: 16-17.

Glaser, R.W. (1931): O cultivo de um nemátodo parasita de um inseto. Ciência, 73: 614-615.

Granados, R.R. e Federici, B.A. (eds) (1986a): The Biology of Baculoviruses, Vol. 1, Biological properties and Molecular Biology, CRC Press, Boca Raton, Florida.

Granados, R.R. e Federici, B.A. (eds) (1986b): The Biology of Baculoviruses, Vol. 2, Practical Applications for Insect Control, CRC Press, Boca Raton, Florida.

Grewal, P.S. (1998) Formulações de nemátodos entomopatogénicos para armazenamento e aplicação. *Jornal Japonês de Nematologia* 28, 68-74.

Grewal, P.S. e Georgis, R. (1998) Entomopathogenic nematodes. In: Hall, F.R. e Menn, J. (eds) *Methods in Biotechnology: Biopesticides: Use and Delivery.* Humana Press, Totowa, Nova Jersey, pp. 271-299.

Grewal, P.S. (2000a) Melhoria da estabilidade de armazenamento ambiente de uma bactéria entomopatogénica

nemátodo através da anidrobiose. *PestManagement Science* 56, 401-406.

Grewal, P.S. (2000b) Anhydrobiotic potential and long-term storage stability of entomopathogenic nematodes (Rhabditida: Steinernematidae). *International Journal ofParasitology*

30, 995-1000.

Grewal P.S. (2002): Tecnologia de formulação e aplicação. In: Entomopathogenic Nematology (Gaugler R., ed.). Wallingford CABI Publishing, Nova Iorque, EUA, 265-287 PP.

Hall, R. A (1982) Control of whitefly, *Trialeurodes vaporariorum* and the cotton aphid, *Aphis gossypii,* in glasshouses by *Verticillium lecanii. Ann. Appl. Bioi.* 101, I-II.

Heimpel, A. M., Thomas, E. D., Adams, J. R. e L. J. Smith. 1973. The presence of nuclear polyhedrosis virus of *Trichoplusia* ni on cabbage from the market shelf. Environ. Ent., 2:72-76.

Hunter-Fujita, F.R.; Entwistle, P.F.; Evans, H.F. e Crook, N.E. (1997): Insect Viruses and Pest Management, Wiley, Chichester.

Hussein, Mona A. e M.A. Abdel-Aty (2013): Formulação de dois nemátodos entomopatogénicos nativos à temperatura ambiente. J. Biopest, 5: 23-27.

Inch, J. M. M. e Trinci, A P. J. (1987) Effects of water activity on growth and sporulation of *Paecilomyces farinosus* in liquid and solid media.]. *Gen. Microbiol.* 133, 247-52.

Inglis, G. D., Goettel, M. S. e Johnson, D. L. (1993) Persistência do fungo entomopatogénico, *Beauveria bassiana,* em filoplanos de erva-de-trigo-de-crista e luzerna. *Bioi. Control.* 3, 258-70.

Inglis, G. D., Goettel, M. S. e Johnson, D. L. (1995) Influência dos protectores da luz ultravioleta na persistência do fungo entomopatogénico, *Beauveria bassiana. Bioi. Control.* 5,581-90.

Inglis, G. D., Johnson, D. L. e Goettel, M. S. (l997) Field and laboratory evaluation of two conidial batches of *Beauverill* bllssillnll (Balsamo) Vuillemin against grasshoppers. Cil/i. *Enl011101.* 129, 171-86.

Inglis, G.D.; Goettel, M.S.; Butt, T.M. e Strasser, H. (2001): Utilização de fungos hifomicetos na gestão de pragas de insectos. Em: Butt, T.M., Jackson, C., Magan, N. (Eds.), Fungi as Biocontrol Agents: Progress, Problems and Potential. CAB International, Wallingford, Reino Unido, pp. 23-69.

Jacques, R. P. e O. N. Morris. 1981. Compatibility of pathogens with other methods of pest control and crop protection. Em Microbial Control of Pests and Plant Diseases, Burges, H. D. [ed.] Academic Press, London UK.

Janjic, V. e Elezovic, I. (Eds.) (2010): Pesticidi u poljoprivredi i sumarstvu u Srbiji 2010, sedamnaesto, izmenjeno i dopunjeno izdanje. Beograd: Drustvo za zastitu bilja Srbije.

Janson, R.K. and Lecrone, S.H. (1994) Application methods for entomopathogenic nematodes (Rhabditida: Heterorhabditidae): aqueous suspensions versus infected cadavers. *Florida Entomologist 11,* 281-284.

Jenkins, N. E. e Thomas, M. B. (1996) Effect of formulation and application method on the efficacy of aerial and submerged conidia of *Metarhizium flavoviride* for locust and grasshopper control. *Pestic. Sci.* 46, 299-306.

Jimenez, J. A (1989) The potential of fungi to control green leafhopper *Nephotettix virescens,* tese de doutoramento, Universidade de Londres.

Johnson, D. L., Goettel, M. S., Bradley, C. *et al.* (1992) Field trials with the entomopathogenic fungus *Beal/veria bassiana* against grasshoppers in Mali, West Africa, July 1990, in *Biological Control of Locusts and Grasshoppers* (eds C. J. Lomer and C. Prior), CAB International, Wallingford, pp. 296-310.

Jones, K.A e McKinley, D.J. (1987): The persistence of *Spodoptera littoralis* nuclear polyhedrosis virus on cotton in Egypt. Asp. Appl. Biol., 14: 323-34.

Jones, K.A.; Westby, A.; Reilly, P.J.A e Jeger, M.J. (1993): The exploitation of microorganisms in the developing countries of the tropics, in: Exploitation of Microorganisms (ed. D.G. Jones), Chapman & Hall, Londres, pp. 343-370.

Kaya, H.K. e Nelsen, C.E. (1985): Encapsulation of steinernematid and heterorhabditid nematodes with calcium alginate: Uma nova abordagem para o controlo de insectos e outras aplicações. Environmental Entomology, 14: 572-574.

Kaya, H.K e Gaugler, R. (1993): Entomopathogenic nematodes. Ann. Rev. Entomol., 38: 181-206.

Keller, S. (1992) The *Beauueria-Melolontha* project: experiences with regard to locust and grasshopper control, in *Biological Control of Locusts and Grasshoppers* (eds C. J. Lomer and C. Prior), CAB International, Wallingford, pp. 279-86.

Kendrick, M. (2000): O Quinto Reino, 3rd ed. Mycologue Publications, Sidney, Austrália. Kirk, P.M., Cannon, P.F., David, J.C., Stalpers, J.A., 2000. Ainsworth and Bisby's Dictionary of the Fungi, 9th ed. CAB International, Wallingford, Reino Unido.

Khater, H.F. (2012): Perspectivas de Biopesticidas Botânicos na Gestão de Pragas de Insectos. Jornal de Ciências Farmacêuticas Aplicadas, 2(5): 244-259.

Knowles, A. (2001): Trends in Pesticide Formulations (Tendências nas formulações de pesticidas). (pp. 89-92). Agrow Reports, Reino Unido: PJB Publications Ltd. D215.

Knowles, A. (2005): Novos desenvolvimentos na formulação de produtos de proteção das culturas. (pp. 153-156). Agrow Reports UK: T and F Informa UK Ltd.

Knowles, A. (2006): Adjuvantes e aditivos. (pp. 126-129). Relatórios Agrow: T&F Informa UK Ltd.

Knowles, A. (2008): Recent developments of safer formulations of agrochemicals (Desenvolvimentos recentes de formulações mais seguras de agroquímicos). *Environmentalist*, 28(1), 35-44. doi:10.1007/ s10669-007-9045-4

Lia'cer, E.; Martynez de Altube, M.M. e Jacas, J.A. (2009): Avaliação da eficácia de *Steinernema carpocapsae* numa formulação de quitosano contra o gorgulho da palmeira vermelha, *Rhynchophorus ferrugineus*, em *Phoenix canariensis*. Biocontrolo, 54: 559-565.

Lisansky, S.G.; Quinlan, R.J. e Tassoni, G. (1993): The *Bacillus thuringiensis* Production Handbook, CPL Scientific, Newbury.

Lomer, C. J., Bateman, R P., Godonou, I. *et al.* (1993) Infeção no campo de *Zonocerus variegates* após aplicação de uma formulação à base de óleo de conídios de *Metarhizium flavoviride. Biocontr. Sci. Tech.* 3, 337-46.

Lord, J.C. (2005): From Metchnikoff to Monsanto and beyond: the path of microbial control. Journal of Invertebrate Pathology, 89: 19-29.

Lyn, M.E.; Burnett, D.; Garcia, A.R. e Gray, R. (2010): Interação da água com três formulações granulares de biopesticidas. Journal of Agricultural and Food Chemistry, 58(1): 1804-1814.

Magan, N. e Lacey, J. (1984) Effect of temperature and pH on water relations of field and storage fungi. *Trans. Brit. Mycol. Soc.* 82, 71-81.

Marcandier, S. and Khachatourians, G. G. (1987) Suscetibilidade do gafanhoto migratório, *Melanoplus sanguinipes* (Fab.) (Orthoptera: Acrididae) a *Beauveria bassiana* (Bals.) Vuillemin (Hyphomycete): influência da humidade relativa. *Can. Entomol.* 119,901-7.

Milner, R. J. e Lutton, G. G. (1986) Dependência de *Verticillium lecanii* (fungos: Hyphomycetes) de humidades elevadas para infeção e esporulação usando *Myzus persicae* (Homoptera: Aphididae) como hospedeiro. *Environ. Entomol.* 15, 380-2.

Mollet, H., e Grubenmann, A. (2001): Tecnologia de formulação. (pp. 389-397). Weinheim, Alemanha: Wiley-VCH Verlag.

Moore, D., Bridge, P. D., Higgins, P. M. *et al. (1993)* Ultra-violet radiation damage to *Metarhizium flavoviride* conidia and the protection given by vegetable and mineral oils and chemical sunscreens. *Ann. Appl. Biol.* 122,605-16.

Moorhouse, E. R. (1990) The potential of the entomogenous fungus *Metarhizium anisopliae* as a microbial control agent of the black vine weevil, *Otiorhynchus sulcatus, PhD* thesis, University of Bath.

Navon, A., Keren, S., Salame, L. e Glazer, I. (1999) An edible-to-insects calcium alginate gel as a carrier for entomopathogenic nematodes. *Biocontrol Science and Technology* 8, 429-437.

Neale, M. (2000): The regulation of natural products as crop-protection agents. Pest Management Science, 56: 677-680.

Nelsen, C.E. e Catharine, M. (1986): Nemátodos encapsulados em hidrogel. Patente dos EUA n.º 4615883.

Nelsen, C.E. e Catharine, M. (1987): Nemátodos encapsulados em hidrogel revestido de membrana. Patente dos EUA n.º 4701326.

Osman, M. e Valadon, L. R G. (1981) Effect of light (especially near-UV) on spore germination and ultrastructure of *Verticillium agaricinum. Trans. Brit. Mycol. Soc.* 77, 187-9.

Poinar, G.O. Jr (1975): Descrição e biologia de um novo rabditoide parasita de insetos, *Heterorhabditis bacteriophora* n. gen. n. sp. (Rhabditida; Heterorhabditidae n. Fam.). Nematologica, 21: 463-370.

Poinar, G.O. Jr (1990): Biologia e taxonomia de Steinernematidae e Heterorhabditidae, em: Entomopathogenic Nematodes in Biological Control (eds R. Gaugler e H. K. Kaya), CRC Press, Boca Raton, pp. 23-62.

Popiel, I., Holtmann, K.D., Glazer, I. e Womersely, C. (1993) Commercial storage and shipment of entomopathogenic nematodes. *Patente dos EUA n° 5.183.950.*

Prior, C., Jollands, P. e le Patourel, G. (1988) Infecciosidade de formulações em óleo e água de *Beauveria bassiana* (Deuteromycotina: Hyphomycetes) para a praga do gorgulho do cacau *Pantorhytes plutus* (Coleoptera: Curculionidae). *f. Invertebr. Pathol.* 52,66-72.

Ramoska, W. A. (1984) The influence of relative humidity on *Beauveria bassiana* infectivity and replication on the chinch bug, *Blissus leucopterus. f. Invertebr. Pathol.* 43, 389-94.

Rao, G.V.R.; Rupela, O.P.; Rao, V.R. e Reddy, Y.V.R. (2007): Role of Biopesticides in Crop Protection: Present Status and Future Prospects. Indian Journal of Plant Protection, 35(1): 1-9.

Reardon, R. , Podgwaite, J. P. e R. T. Zerillo.1996. GYPCHEK - O produto do vírus da nucleopoliedrose da traça cigana. Publicação do Serviço Florestal do USDA FHTET- 96-16.

Renn, N. (1998) The efficacy of entomopathogenic nematodes for controlling house fly infestations of intensive pig units. *Medical and Veterinary Entomology* 12, 46-51.

Seaman, D. (1990): Trends in the formulation of pesticides: An overview. Pesticide Science, 29(4): 437. doi:10.1002/ ps.2780290408.

Shapiro, D.I. and Glazer, I. (1996) Comparison of entomopathogenic nematode dispersal from infected hosts versus aqueous suspension. *Environmental Entomology* 25, 1455-1461.

Shapiro-Ilan, D.I.; Morales-Ramos, J.A.; Rojas, M.G. e Tedders, W.L. (2010): Efeitos de uma nova formulação de hospedeiro infetado com nematóides entomopatogénicos na integridade do cadáver, na produção de nematóides e na supressão de *Diaprepes abbreviates* e *Aethina tumida.* Journal of Invertebrate Pathology, 103: 103-108.

Silver, S.C., Dunlop, D.B. e Grove, D.I. (1995) Formulações granulares de entidades biológicas com estabilidade de armazenamento melhorada. *Patente mundial* n° WO 95/0577.

Simmons, W.R. and Poinar, G.O. Jr (1973) The ability of *Steinernema carpocapsae* (Steinernematidae: Nematoda) to survive extended period of desiccation.

Journal Of Invertebrate Pathology 22, 228-230.

Smith, P. (1994) Increased infectivity of oil and emulsifiable oil formulations of *Paecilomyces fumosoroseus* conidia to *Bemisia tabaci,* in *Abstracts of the VI International Colloquium on Invertebrate Pathology and Microbial Control,* Montpellier, Society for Invertebrate Pathology, p. 82.

Smits, P.H. (1996) Post-application persistence of entomopathogenic nematodes. *Ciência e Tecnologia do Biocontrolo* 6, 379-387.

Somvanshi, V.S.; Ganguly, S. e Paul, A.V.N. (2006): Eficácia no campo de *Steinernema thermophilum* contra a traça das costas de diamante que infecta a couve. Biological Control, 37: 9-15.

Tadros, F. (2005). Surfactantes aplicados, princípios e aplicações. (pp. 187-256). Wiley-VCH Verlag GmbH e Co. KGaA.

Thomas, M. B., Langewald, J. e Wood, S. N. (1996) Avaliação dos efeitos de um biopesticida nas populações do gafanhoto variegado, *Zonocerus variegatus. J. Appl. Ecol.* 33, 1509-16.

Vernner, R., & Bauer, P. (2007): Q-TEO, um conceito de formulação que supera a incompatibilidade entre água e óleo. Pfalzenschutz-Nachrichten Bayer, 60(1): 7-26.

Vimala Devi, P. S. e Prasad, Y. G. (1996) Compatibilidade de óleos e antifeedantes de origem vegetal com o fungo entomopatogénico *Nomuraea rileyi. J. Invertebr. Pathol.* 68, 91-3.

Walstad, J. D., Anderson, R. F. e Stambaugh, W. J. (1970) Effects of environmental conditions on two species of muscardine fungi *(Beauveria bassiana* and *Metarhizium anisopliae). J. Invertebr. Pathol.* 16, 221-6.

Welch, H.E. e Briand, L.J. (1960) Field experiment on the use of a nematode for the control of vegetable crop insects. *Actas da Sociedade Entomológica de Ontário* 91, 197-202.

Winder, R.S.; Wheeler, J.J.; Conder, N.; Otvos, S.S.; Nevill, R. e Duan, L. (2003). Microencapsulação: uma estratégia para a formulação de inóculo. Biocontrol Science and Technology, 13(2): 155-169.

Winstanley, D. e Rovesti, L. (1993): Insect viruses as biocontrol agents, in Exploitation of Microorganisms (ed. D.G. Jones), Chapman & Hall, London, pp. 105-136.

Womersley, C.Z. (1990): Dehydration survival and anhydrolic potential, in: Entomopathogenic Nematodes in Biological Control (eds R. Gaugler e H.K. Kaya), CRC Press, Boca Raton, pp. 117-138.

Woods, T.S. (2003): Formulações de Pesticidas. In: AGR 185 in Encyclopedia of Agrochemicals. (pp. 1-11). Nova Iorque: Wiley & Sons.

Wraight, S.P.; Jackson, M.A. e de Kock, S.L. (2001): Produção, estabilização e formulação de agentes de biocontrolo fúngicos. Em: Butt, T.M., Jackson, C., Magan, N. (Eds.), Fungi as Biocontrol Agents: Progress, Problems and Potential. CAB International, Wallingford, Reino Unido, pp. 253-287.

Yakawa T. e Pitt J.M. (1985): Armazenamento e transporte de nemátodos. PCT/AU 85/ 00020.

Yin, F. M. (1981) Seleção e aplicação de diluentes de volume ultra baixo da preparação de *Beauveria bassiana. Forest Sci. Tech. (Linye Keji Tongscun)* No. 11, 25-8.

Printed by Books on Demand GmbH, Norderstedt / Germany